JN206303

NCフライス加工入門

～回転工具を使うミーリング加工～

岩月孝三 著

はじめに

私は，新人研修や大学の授業で NC フライス盤やマシニングセンタの加工実習に携わってきました．実習用教材をつくる企画があり，これまで作成したテキストや断片的な資料をまとめるよい機会と思い，本書の執筆に取組みました．

本書は，これから NC フライス加工をはじめようという人のための入門書です．NC フライス加工は，工具・工作物・取付け具・切削条件などは汎用フライス盤と同じですが，NC プログラムで加工するところが違います．いままでの加工技術に加えて，NC プログラムを理解し，NC プログラムを作成し，NC 機械を操作することが必要です．

本書では，簡単な加工課題の図面から NC プログラムを作成し，段取り作業，実際の加工を行なうまでのプロセスを説明しました．そして記述された通りに作業を進め，工作物を図面通りに加工ができることを目指しました．今日では，汎用フライス盤の作業経験がなく，いきなり NC フライス加工に取組むケースもあり，最初に「フライス盤入門」の章を設けました．

実際の作業に当たっては，はじめに第 5 章「機械の運転」を読み，手動運転，自動運転の操作を行なって機械に慣れることをお勧めします．マシニングセンタは NC フライス盤の延長線上にあり，プログラムはどこをどのように変えるのか，工具の長さの違いにどう対処するか，などを NC フライス盤でのデータを生かした形で説明しています．

第 6 章ではカスタムマクロを紹介しています．拡張性の高いプログラミング手法として修得を奨めたいと取り上げました．

NC フライス加工をはじめようとされるかた，NC フライス盤の加工に関心を持っているかたの参考になれば幸いです．

岩月 孝三

本書は，月刊『ツールエンジニア』（大河出版）の連載をもとに再構成し書籍化したものです．「NC フライス加工入門 - プログラムの作成から加工の実際まで」と題し，2016 年 10 月号から 12 月号，2017 年 2 月号から 10 月号まで 12 回にわたって連載しました．第 1 章，第 5 章，練習問題，付録は新たに書き下ろし，また，第 2 章，第 6 章は見直し，改訂しました．

本文中の**太字**表記の言葉は，基本的な語彙，重要語彙などを表わしています．また，それらは索引として巻末にまとめました．本文中の工具，ツーリングなどの写真は実習のときに使用したものを引用しました．

[お断り](免責)

本書にはプログラム事例の記述がありますが，それを実機に採用した場合に生じるあらゆる損害について，著者および当社は一切の責任を負いません．演習プログラムなどを実機で練習として使用する場合は，指導員，実機担当者など熟練者の指導を仰ぎ，万全の準備をしてください．

編集部

目次

第6章

カスタムマクロ入門

練習問題

附録

実用切削条件一覧表（切削速度と送り速度）

NCフライス盤の発明

本書の題名になっているNCフライス盤は1952年アメリカで開発された.

T.パーソンズはヘリコプタの翼の形状をチェックするゲージを製作していたが，このゲージを加工するフライス盤について，ある制御技術を発案し，1948年米空軍に提案した．それはフリップフロップ回路でパルスを計算し，数値で工作機械を制御する方法であった．その発案は当時完成したばかりの電子計算機のパルス計算の技術がヒントになったらしい.

この案が空軍に取り上げられ，その開発委託研究が彼に出された．パーソンズはMIT（マサチューセッツ工科大学）のアスキンズら3人のメンバーと共同して開発研究を行ない，3年後の1952年にMITのメンバーが世界最初のNCフライス盤を完成させた．アメリカでは，さらにK&T社（カーネ・アンド・トレッカー社）が工具の自動交換の機能を持つ横形NCフライス盤ミルウォキーマチック・モデルⅡを1958年に開発した．これが現在のマシニングセンタの原型といわれている.

NCフライス盤に継ぐマシニングセンタの開発は革新的技術であり，この画期的な発明が引き金になってNC工作機械の開発の機運が全世界に広がった.

日本におけるNC開発の発端には次のような事情があった．東京工業大学の中田教授は，アメリカの友人から届けられた1952年の科学雑誌に掲載されていたNCフライス盤に関する解説記事を読み，この機械の制御の仕組みを解読した．そして池辺 洋，池辺 潤らと協力して1957年にNC旋盤を試作した．その翌年，富士通がNCパンチプレスを，機械試験所・三井精機・富士通がNC治具中ぐり盤を開発した．牧野フライス製作所は富士通と共同してNCフライス盤を開発して1958年の大阪国際見本市に出品した．カバーのイラストがそのNCフライス盤であり，開発にまつわるエピソードをカバーのそでに記されている.

第1章の本旨，キーポイント

「NC フライス加工入門」は，汎用フライス盤による加工を知っていることを前提に記述したが，いきなり NC フライス加工をはじめることも少なくない.

本章は，フライス加工がはじめてのかたに，金属を削ることからスタートして，工作機械とは何か，フライス盤・フライス加工とはどういうものか，説明するために記述した.

NC フライス加工も，加工そのものは従来のフライス盤と同じである．フライスやエンドミルなどの切削工具は共通であり，切削速度と送り速度，切込み深さの切削条件も基本的には同じである．フライス加工は，平面削りから側面削り，段削り，みぞ・ポケット・傾斜面など多岐に亘り，工具の種類も非常に多い．フライス盤を使ったことがあるかたにも復習としてお奨めする.

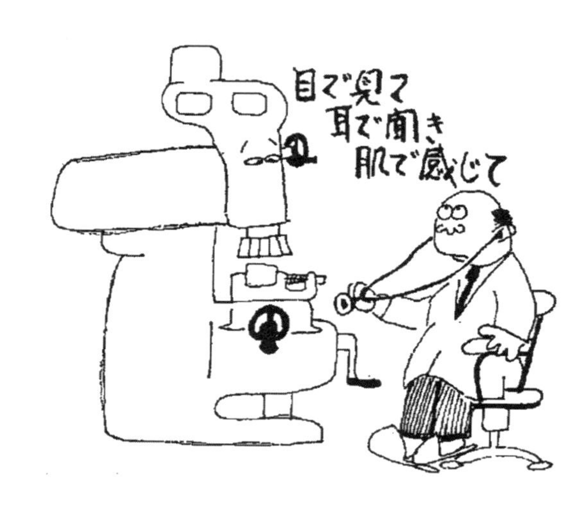

第1章

フライス盤入門

1 フライス盤

1-1 工作機械とは

鉄や銅，アルミニウムなどの金属を，希望する形状に加工する方法としては，切削加工や研削加工，鋳造・鍛造やプレスなどの塑性加工，溶接，放電加工というようにいろいろある．そのなかでも，刃物による切削や砥石による研削は金属加工の大きな分野である．切削や研削のように切りくずを出して金属を加工する機械を一般に**工作機械**という．

(1) 金属切削

金属の切削は一般の人にはなじみにくいものであり，「鉄で鉄を削る」といわれて奇異に感じる人がいるかもしれない．しかし切削そのものは，ナイフで鉛筆を削ったり，のこぎりで木を切ったりして日常的に経験している現象である．そこで，ナイフで鉛筆を削ることを念頭において切削の現象を考えてみる．

切削を可能にするためには，鉄(ナイフ)と木(鉛筆)というように，削るものと削られるものとの間に硬さの差が必要である．次にナイフが木へ食い込みやすいように鋭い刃先と，さらにナイフをある力で食い込ませることが必要である．**切削**とは，削りくずを出しながら希望する形状に仕上げていく現象，ということができる．

金属の切削も基本的には同じであり，切削を可能にする要件は次の3つである．

① 削るもの(工具)と削られるもの(工作物)との間に硬さの差がある．

② 工具の刃先が鋭くなっている．

③ 工具の刃先を切削に必要とする力で工作物に食い込ませる．

このようにして金属の切削は行なわれる(**図1-1**)．

工具と工作物の関係は，鉄とアルミニウム，鉄と銅，さらに鉄と鉄，というように硬さの差が少ないので，切れ刃の角度はナイフのように鋭くすることはできず，刃先は90°くらいにして工具が破損しないようにする．

(2) 工作機械の特質

以上に述べた金属の切削を行なう機械が工作機械である．工作機械は，自動車や船，電気製品，産業機械などあらゆる分野の金属部品を加工する機械として機械工業の基礎である．工作機械は機械を生み出す機械ということから，母なる機械，すなわち**マザーマシン**(mother machine)とも呼ばれる．

加工された品物の精度をよくするためには，工作機械が高精度であることが必要である．加工精度は加工する機械の精度を写すものであり，これを工作機械の**母型原理**という．また，需要に応じて品物を大量に加工するためには，単位時間にできるだけ多くの切りく

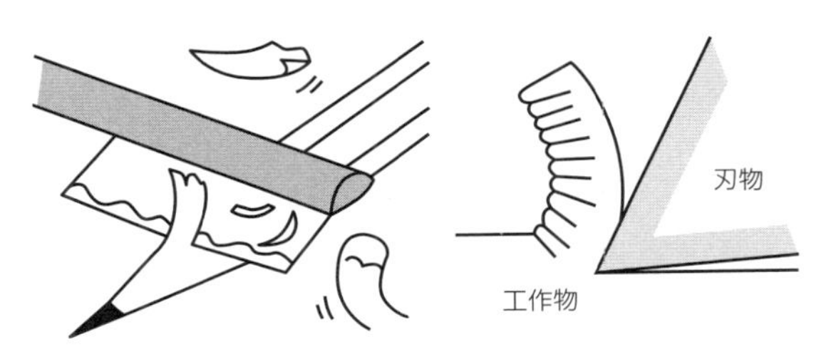

図1-1 切削とは？

丸いものはこうして……

四角いものは
こうです……

図1-2　丸物・角物のつくりかた

ずを出す機械，つまり高能率の機械であることが要求される．ここから工作機械の特質は，高精度，高能率といわれる．

一口に工作機械といっても，精度をあまり要しない品物を効率よく加工するものから，1mm の 1/100，さらに，その 1/10 の誤差を問題にするものまで幅広い種類，段階がある．フライス盤は 0.1 ～ 0.001mm 程度の精度を出し，しかもいろいろな形状の品物を高能率で加工する機械である．その意味で，とくに高精度と高能率を特徴とする工作機械である．

1-2 フライス盤の定義

(1) 旋盤とフライス盤

フライス盤は，旋盤と並んでどの工場にもある代表的な工作機械である．そこでフライス盤とはどういう機械なのか，旋盤と対比して次に述べる．

私たちの周囲には，茶わんや皿，コップ，植木鉢のように丸いものと机や椅子，洗濯機や冷蔵庫などのように四角いものがある．極端にいえば，世の中のものは丸と四角でできている．このような丸いもの，四角いものをどのようにつくるかを考えてみる．

テレビで，ろくろを回して茶わんや皿，花瓶を製作している場面を見ることがあるが，丸いものはつくられるもの自体が回転して形状がつくられる．これに対して四角いものや平面的なものの場合は，つくられるもの自体は固定し，削る刃物がある速度で運動することによって形状がつくられる．これは日曜大工でのこぎりやかんなを使う場合を想像すればわかる（**図 1-2**）．

旋盤とフライス盤でもこの関係が当てはまる．工作物が回転し，バイトと呼ばれる刃物が水平面内で移動することにより丸いものを削り出すのが**旋盤**である．他方，工作物が固定し，回転する刃物によって平面や溝を削り出すのが**フライス盤**である．

(2) フライス盤の特徴

図 1-3 はフライス盤による平面削りの一例を示したものである．フライス盤で使用する切削工具は**フライス**といい，円板や円筒の外周に多数の切れ刃を等間隔に配置したものである．

図で，フライス ① が回転し，工作物 ② が矢印の方向に低速で移動することによって，③のところで切削が行なわれ，平面 ④ が削り出される．工具は電動機により回転し，工作物はハンドルによる手送りあるいはねじ，油圧，歯車などによる自動送りで移動する．

フライス盤は，このような回転機構と送り機構を備えており，その運動によって平面を削り出す（**写真 1-1**）．フライス盤でも，加工の仕方によっては，丸い

ひと口メモ

フライスという名称は，フランス語やオランダ語の「Fraise」（フレーゼ），ドイツ語の「Fräse」がそのもとといわれる．フレーゼとは，16 世紀半ばから 17 世紀前半のヨーロッパ諸国において，王侯貴族や富裕な市民の間で流行した襞襟（ひだえり）(英：Ruff) のことで，フライスという回転刃物の形状がこの襞襟に似ていたためのようだ．

一方，フライス盤は英語では「milling machine」［**ミリング**（または**ミーリング**）マシン］という．ミリングのミルとは「挽く」という意味．コーヒーミルのそれに当たる．

ものや自動車のボディのように滑らかな曲面を削ることができるし，NC フライス盤ともなると 3 次元曲面形状も加工できるが，平面を削り出すことを基本とした工作機械といえる．

フライス盤とは，フライスという多数の同心切れ刃を有する工具を回転させ，同時に工作物に送り運動を与えて金属の平面を削り出す機械である，と特徴づけることができる．

(3) NCフライス盤

NC とは Numerical Control（**数値制御**）の略であり，NC フライス盤は NC プログラムで表わされた指令によって動く自動機械の一つである（**写真 1-2**）．NC プログラムは，「工作物は固定し，工具が動く」という原則に基づいてつくられ，工具の動きは，親指を X 軸，人差指を Y 軸，中指を Z 軸とし，その指先をプラス方向とする右手直交座標系に基づいて表わしている．第 2 章以降で本論として詳述する．

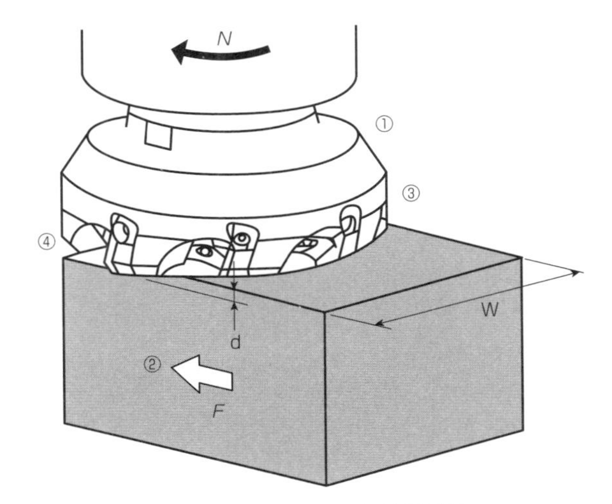

図 1-3　正面フライスによる平面削り

1-3 実際のフライス盤

加工の現場で使われる汎用フライス盤の一例を取り上げ，その構造と操作法を簡単に説明する．

(1) 構　造

写真 1-1 は**ひざ形立フライス盤**である．このフライス盤は下部のベースに固定されたコラムに，上部の主軸頭部，中央部のテーブル / サドル / ニーが組み込まれた構造になっている．

主軸頭部は回転する切削工具を付けるところであり，テーブル / サドル / ニー部は取付け具を介して載せられた工作物が前後・上下・左右に移動するところであり，ここで切削加工が行なわれる．主軸頭には工具を取り付ける主軸が組み込まれており，最も重要な部分である．主軸は転がり軸受によって支持され，電動機によって回転する．主軸回転速度はベルトの掛け替えにより 75 ～ 4000min^{-1} の範囲で変えられる．左のレバーで主軸回転の起動・停止を行なう．

この主軸頭はクイルタイプ主軸であり，丸ハンドルを回すことにより主軸を上下に移動し，自動送り機構により中ぐり加工を行なう．テーブル / サドル / ニーから構成される本体部は，コラム前面の摺動面をニーが上下に移動し，そのニーの上部にサドルが載ってい

写真 1-1　汎用立形フライス盤

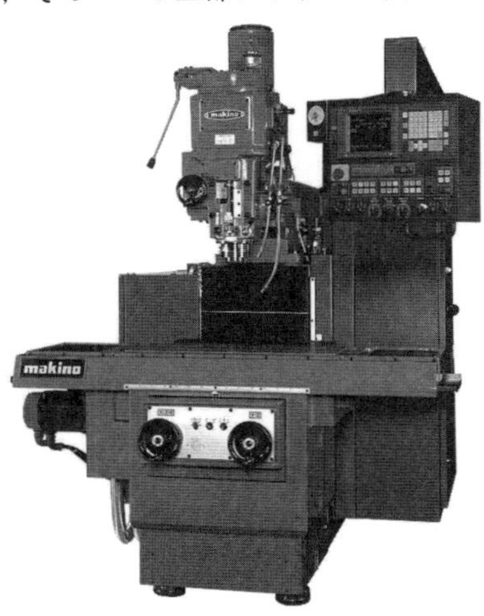

写真 1-2　立形 NC フライス盤

写真1-3　テーブルの送りハンドル

写真1-4　サドルとニーの送りハンドル

写真1-5　自動送り操作盤

て前後に移動し，そのサドルの上にテーブルが載っていて左右に移動する構造になっている．テーブル左右の動きは550mm，サドル前後の動きは250mm，ニー上下の動きは350mmである．このフライス盤には**デジタル位置読取り装置**が付いている．

(2) テーブルの手動送りと自動送り

テーブルサイズは長さ1100mm，幅250mm，上面に3本のT溝があり，最大積載質量は500kgである．

T溝と適当な取付け具により工作物をテーブル上に固定する．テーブルの左右，前後，上下の動きはハンドルによる手動送りによって行われる．手動送りは主として工作物に対する工具の位置決めや，試し削りに使われる．

テーブルの左右の動きは，テーブルの両端にある丸ハンドルを回して行なう（**写真1-3**）．テーブルの前後の動きはニー前面の丸ハンドル，上下の動きは同じくニー前面のクランクハンドルを回して行なう（**写真1-4**）．テーブルの自動送りは送り用電動機によって行なわれ，切削加工を行なうときに使用する．テーブルの自動送りのための操作盤がニーの右下側にある（**写真1-5**）．

2　フライス盤作業

2-1 フライス工具と加工例

フライス盤作業では，単純な平面削りから側面削り，段削り，溝削り，円周削り，切断，割出しなど広範囲の加工を行なう．次に加工のためのフライス工具と簡単な加工例を示す．

(1) よくある角物の加工

図1-4は一般的な角物の加工例である．A面，B面の平面削りは正面フライスか平フライスを使用する．C面，D面の段削りはエンドミルかシェルエンドミルを使用する．**側フライス**（**サイドカッタ**ともいう）や直角肩削り型の正面フライスを使用する場合もある．E部の四角い溝の加工には側フライスやエンドミルを使用する．F部の彫込み部（ポケットともいう）の加工にはエンドミルを使用する．

エンドミルは，このような彫込みをはじめとして，溝加工，輪郭加工，底面削りなどに多く使われる．

(2) 軸物の加工

図1-5は旋盤で加工した丸軸に対するフライス加工の例である．A部のV溝は，側フライスあるいはエンドミルで角溝を加工してから，等角フライスで加工する．B部のキー溝はエンドミルで，C部の半月キー溝は半月キー溝フライスで加工する．D部の割りはメタルソーで加工する．

軸物や丸物の加工では**割出し作業**が重要である．

(3) 比較的多い角物の加工

前述の例ほど一般的ではない**図1-6**の工作物を考える．外形削りや段削り，溝削りなどは(1)で説明したのでその後の加工を追う．

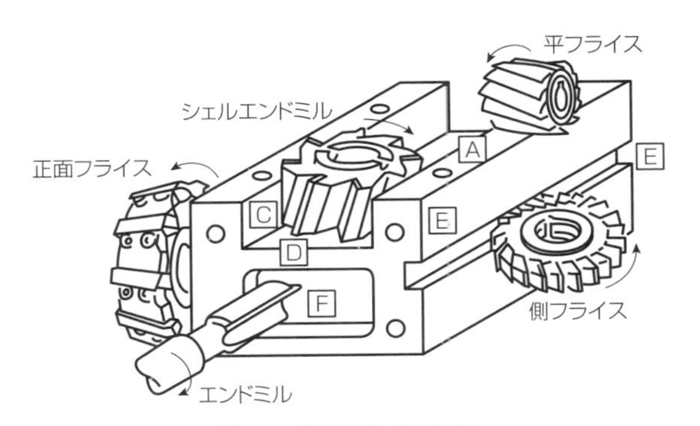

図1-4　汎用フライス工具

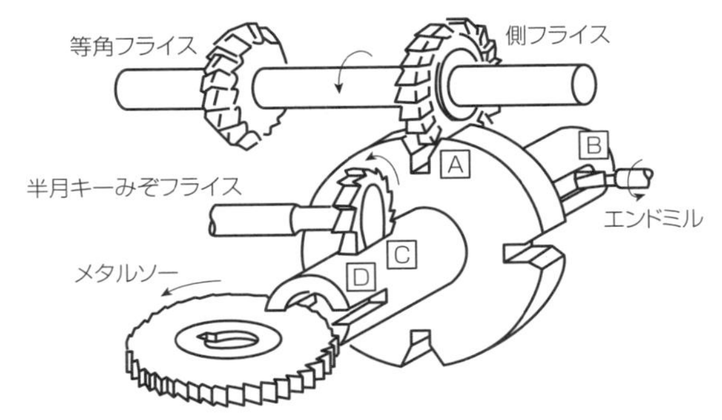

図1-5　溝加工用工具

A 部の**T 溝**は，T みぞフライスで加工する．かまぼこ形をした**凸R形**の B 部は内丸フライスで，**凹R形**の C 部は外丸フライスで加工する．D 部の角面取りは面取りフライス，E 部の**丸面取り**は R 面取りフライスを使う．最後に F 部の**あり溝**（**Dove Tail**，鳩のしっぽの意）は，あり溝フライスで加工する．

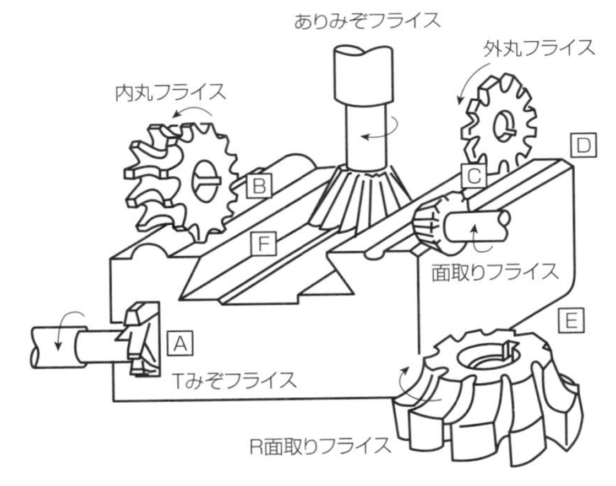

図1-6　ちょっと特殊なフライス工具

2-2 正面フライスによる平面削り

図 1-7 の工作物を正面フライスで平面削りを行なう加工を取り上げる．工作物の材質は機械構造用炭素鋼の S45C とし，この上面を約 4mm 削り，高さを 100mm にし，その加工面をきれいに仕上げるようにする．

(1) 工　具

この加工には**図 1-8** の正面フライスを使用する．この工具は外径 φ80mm で 6 枚の**切れ刃**（**チップ**）が付くようになっており，工作物の材質に合わせてスローアウェイタイプの超硬チップ，工具材種 P10 を使用する．

(2) 工作物

工作物をテーブル上に固定する（**図 1-9**）．工作物をテーブルの T 溝に入れたストッパ ① に当ててから，押え金 ② で上から締め付ける．この工作物は簡単な形状なので押え金 ② を強く締め付けても構わないが，実際に加工する場合は複雑でむずかしい．

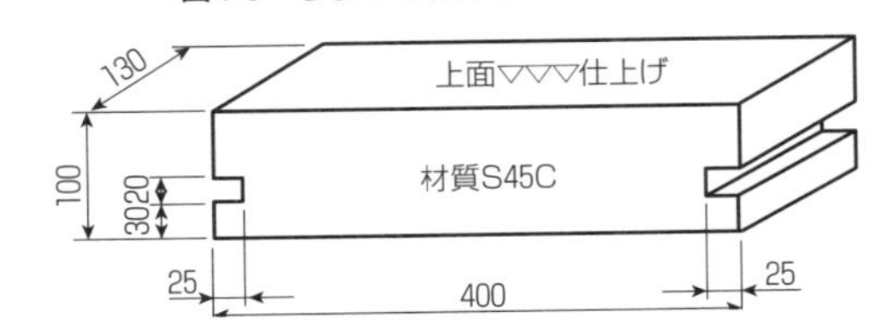

図1-7　工作物形状寸法

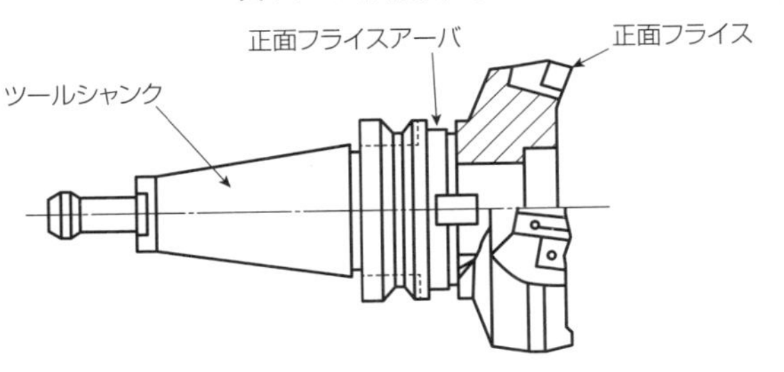

図1-8　正面フライスとアーバ

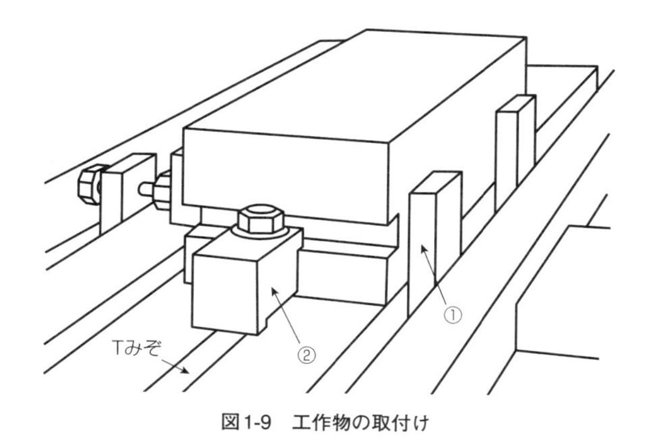

図1-9　工作物の取付け

(3) 切削条件

工作物 S45C, 工具材種 P10 (→ p.15 ~ p.16) の場合, 切削速度は 120 ~ 130m/min が適当であり, 直径 φ80mm の正面フライスでは 500min⁻¹ になる. 送り速度は, 工具が工作物に対して移動する速度である. 正面フライスの切れ刃 1 枚でどれだけ切削するか, で決まる. この例では 400mm/min になる.

(4) 加　工

主軸を回転させて, 送りハンドルを回して工具を下げ工作物に近づける. 正面フライスの刃先がかすかに工作物に接触したところで止め, 水平方向にずらす. 工作物からはなれたところで送りハンドルの目盛カラーを見ながら工具を下げて切込み深さを与える.

テーブルの自動送りをたとえば 400mm/min にして自動送りをかけると切削が行なわれる. 加工が終わったらテーブルの送りを止め, 工作物の高さを測定し, 仕上げしろを調節して仕上げ切削を行なう. 切削条件の三要素については, 5 節 p.17 で詳しく説明する.

3　工業材料

前節の正面フライスによる平面削りから敷衍(ふえん)して切削加工の対象である工業材料を切削の観点から取り上げる.

3-1 工業材料一覧

表 1-1 に簡単な一覧を示す. はじめに, 金属と非金属に大別する. 非金属には, 木材やガラス, ゴム, プラスチック, カーボン, FRP などがあげられる. 金属には, 代表的な鉄, アルミニウム, 銅, 鉛, 錫, 亜鉛などがある.

(1) 非金属

工業材料としては, 木材やガラス, ゴムをはじめ, プラスチック, **エンプラ***など石油化学系のもの, 炭素繊維を固めたものやこれを焼結したグラファイトなどの炭素系のものがある. **FRP** (Fiber Reinforced Plastics : **繊維強化複合材料**) はプラスチックにガラス繊維や炭素繊維などの繊維を入れて強度をアップした複合材料である. 非金属の特徴は金属に比較すると軽く, 柔らかいことである.

加工から見ると, 切れ刃を鋭角にして切削することができる. 合成樹脂木材のケミウッド, サイコウッドは各種工具で切削油剤を使わないで加工することができるので, プログラムチェックやモデルの形状確認, テストカットに使用される.

(2) 金　属

① 鉄

鉄は昔からもっとも硬い材料として農耕用具あるいは刀剣などの武具, 戦車の車輪などとして使われてきた. 産業革命以降は, 蒸気機関, 鉄道などの輸送機関, 機織り・紡ぎなどの紡織機, 二十世紀にはいってからは自動車のエンジンや車体, 鉄橋, ビルや家屋など建物の骨格, 電気製品, 発電機など産業のあらゆる分野に使われている. 鉄は金属の代表である.

特徴的なことは, 精製, 製錬することで非常に硬く,

***エンプラ**/エンジニアリング・プラスチック(Engineering plastic):とくに強度に優れ, 耐熱性のような特定の機能を強化してあるプラスチックの一群を指す分類上の名称.

重く，頑丈になり，長寿命であり，産業の土台の材料である．鉄の比重は「7」，溶融温度は 1400℃で液状に溶融する．鋳型に流し込んでいろいろなものに形を変える柔軟性がある．

② アルミニウム

アルミニウムは鉄に次いで広く使用されている．比重は「3」と，鉄の半分以下であり，製品の軽量化には欠かせない材料である．鋳鉄と同じように溶融温度660℃で液状に溶融し，鋳型に流し込んでアルミニウム鋳造品の部品などをつくる．ミッションケースやコンプレッサ部品など精密鋳造のダイカストアルミニウムもある．

表1-1　工業材料一覧　　表1-2　鉄鋼材料一覧

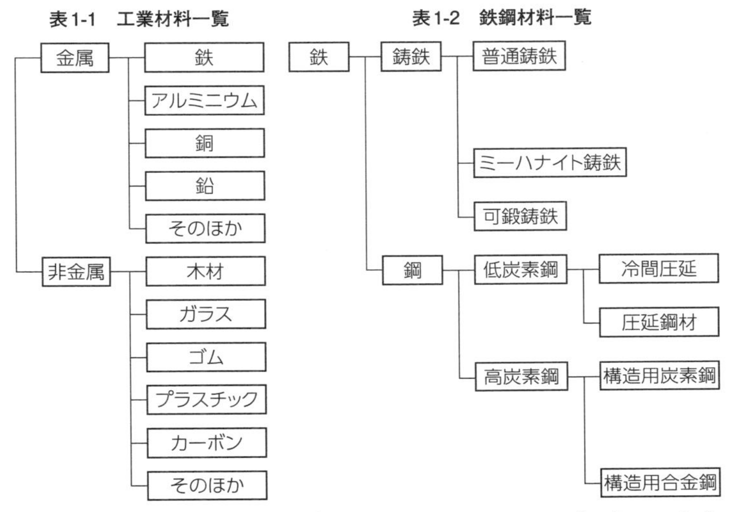

強靭なアルミニウムが開発され，鉄に代わって使用されるようになった．とくにジュラルミン系のアルミニウムは，航空機など軽さが要求される分野に多く使われている．

③ 銅

銅は電気を通す伝導性のよさが特徴である．電線をはじめ各種電気製品の核心部分に数多く使われている．

④ 鉛

鉛も人類の文明とともに広く使われてきた金属である．比重が「12」と重く融点温度が 327℃と低いのでバランスウェートとして使った．鉛蓄電池，放射性遮蔽材などに使われている．

3-2 鋳鉄と鋼

表1-2 に鉄鋼材料の一覧を示す．鉄は大別して鋳鉄と鋼になる．

(1) 鋳　鉄 Cast Iron

鋳鉄は鋳物をつくる鉄である．砂で型をつくり，ここに 1400℃に熱して溶かした鋳鉄を流し込んで鋳物をつくる．鋳鉄はこういう造形性に優れている．フライス盤のコラム，ニー，テーブルといった大きな部品はこのような鋳物部品である．

組織的には炭素量が多く，ざらざらとして粗いので，切削するとぼろぼろとくずれる切りくずが出る（図1-10）．これを**剪断型の切りくず**という．

(2) 鋼 Steel

鋼は，素材の銑鉄を電気炉で製錬して炭素や硫黄，そのほかの雑物を減らし，これを圧延ロールにかけて伸ばし，板状や角棒，丸棒にしたものである．組織が一定で延展性がある．鋼は 1000℃くらいの高温に加熱してから水や油に入れて急冷すると非常に硬くなるという性質がある．

テレビで刀をつくるところを見ることがある．刀鍛冶の職人が，炉で真っ赤に焼けた鉄を叩いて形状をつくり，水にずぼっと入れる．あれが焼入れである．焼

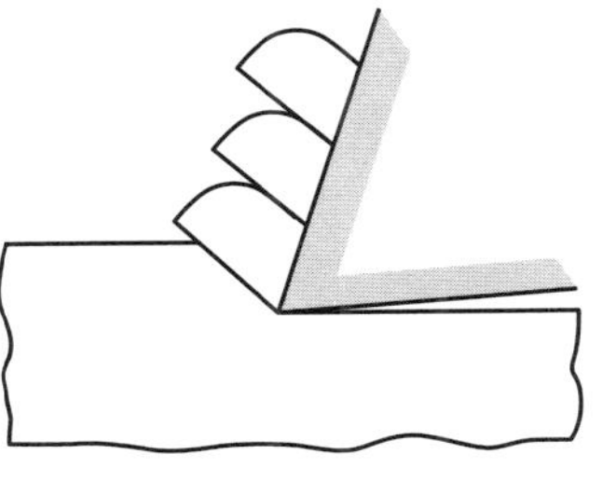

図1-10　剪断型切りくず

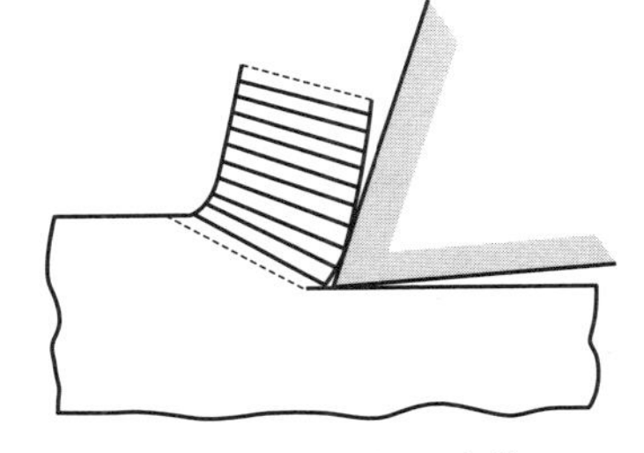

図1-11　流れ型切りくず

入れすると鉄はマルテンサイトという組織になって硬くなる．その硬度はカーボン炭素量 C によって決まる．硬くなると，変形せず耐摩耗性が増して寿命が長くなる．急冷するので，大きさによって硬さが変わったり割れたりする．

高炭素鋼は上記の焼入れ可能な鋼である．そのなかでも**機械構造用炭素鋼** S45C は適度に硬く加工しやすいのでもっともポピュラーな鋼である．通常は焼入れせず生材として使う．切削すると切りくずがつながり，**流れ型**，**連続型の切りくず**が出る(図 1-11)．

用途によっていろいろな鋼があり，硬度もさまざまだが，焼入れ前の切削加工ではほとんど同じである．**低炭素鋼**は橋，建物などに使用し，作業場や市販でも見かける鋼であり，炭素量が少なく溶接ができる．

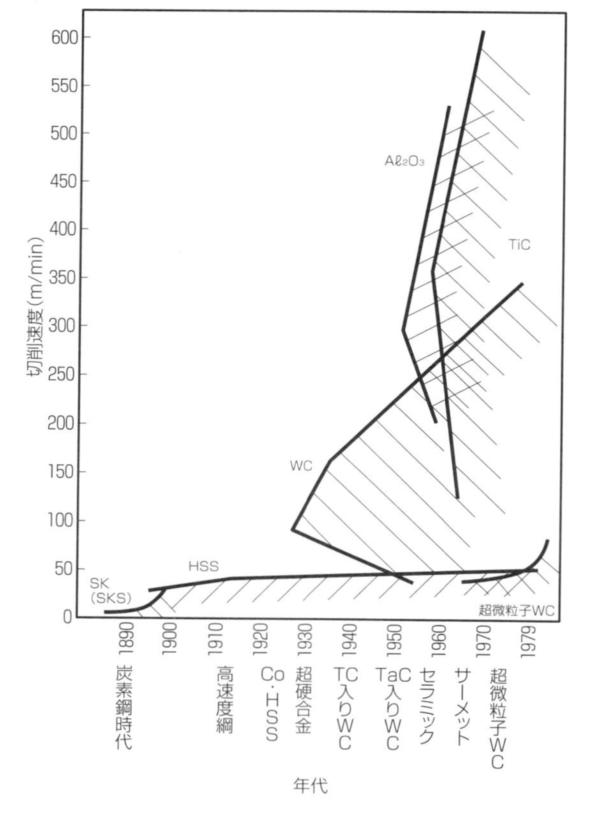

図 1-12　工具材料 開発の歴史

4　切削工具材料

ここでは，金属の切削において削る側，工具の材料をその発達の歴史と現在使用されている工具材料について取り上げる．ここでいう工具材料は，工具で実際に切削している切れ刃の部分，数 mm ～十数 mm の材料を指している．

4-1 工具材料の変遷

切削工具は，より早く削ること，生産能率を上げるという要求によって発達してきた．**図 1-12** は切削工具材料が開発(発明)された年代と切削速度の関係を示したものである．

左下の**炭素工具鋼**は工具鋼 SKS3 であり，今日では刃具ではなく硬度を要求されるところの部品として使われている．その右の**高速度工具鋼** High Speed Steel (**HSS**) は**ハイス**と呼ばれ，いまでもドリルやエンドミル，ブローチの工具として使われている．

1930 年代に出現した**超硬合金**は，現在でも最も使われている工具材料である．超硬は WC (タングステンカーバイト) という**ビッカース硬さ** (の値) 2100HV の硬い粒子と結合剤 Co (コバルト) を混合し，高温で焼結したものである．後述の「4-3 超硬工具」p.15 で詳しく説明する．

1960 年代にはセラミックスが出現した．**セラミックス**は 2600HV の**酸化アルミニウム** $A\ell_2O_3$ を主成分とする材料である．脆(もろ)くて切削時に欠損しやすいのが難点である．工具では靱性も重要な要素である．今日では切削加工だけでなく高硬度材料，絶縁材料として電気関係，食器関係などの分野でも広く使われている．

続いてサーメットが出てきた．**サーメット**は TiC，TaC など 3200HV の高硬度炭化物を主成分とする材料である．切削工具として出回るようになったのはもっと後のこととなる．

1980 年代に **cBN** (cubic Boron Nitride：**立方晶窒化ホウ素**(りっぽうしょうちっかほうそ)) というダイヤモンドに次ぐ硬度を持つ材料

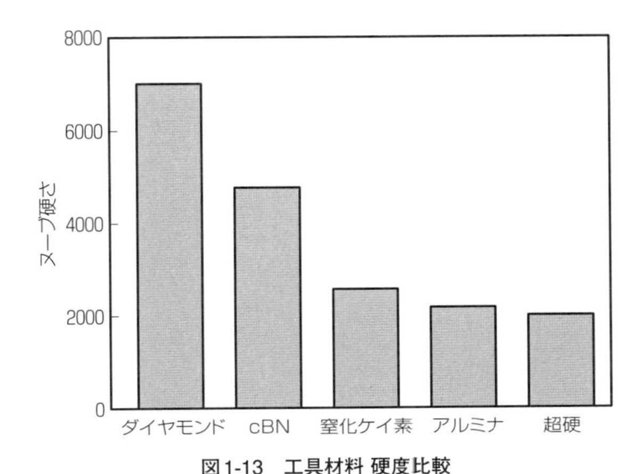

図1-13　工具材料 硬度比較

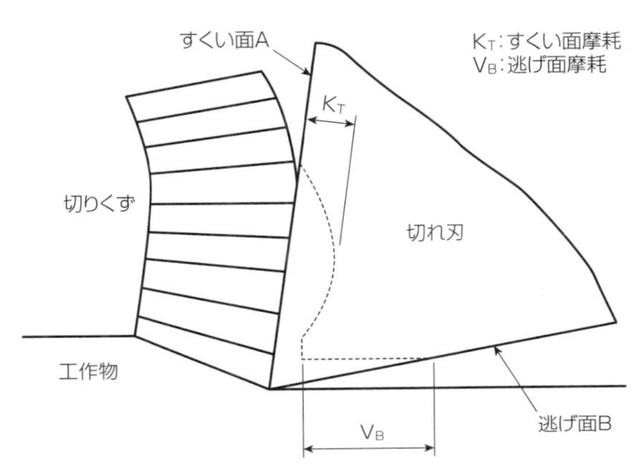

図1-14　すくい面摩耗と逃げ面摩耗

が出現した．自然界で最も硬い材料は**ダイヤモンド**で，ヌープ硬さ 7000 である．参考までに**図 1-13** に硬さ比較を示す．

これらの高硬度材は高価であり，特別な用途になる．市販品として比較的手軽に使える材料はいまでも超硬合金である．

4-2 工具刃先の損傷

工作物に食込む刃先部は切削時に強い力を受けて損傷する．損傷の形態には，定常摩耗による損傷と欠損などの損傷とがある．**欠損**は過大な負荷や誤操作で工具刃先を工作物にぶつけたなどにより使用不能になるものである．これに対して**定常摩耗**は，はじめはきれいに正確に加工していたのに，刃先が徐々に丸く鈍化して切れ味が低下し，加工面が悪くなり，寸法も悪くなってしまうケースである．

ここでは定常摩耗について説明する．

(1) 定常摩耗

図 1-14 は切れ刃の先端部 4 ～ 5mm の摩耗の様子を示している．

金属の切削において，切れ刃が工作物の表面近くを右から左に進むと，切りくずが上方へ押し出され，カールして飛んで行く．工具の切れ刃部で，切りくずが接触して滑る面 A を**すくい面**，切削後の加工面に対して傾斜している面 B を**逃げ面**という．

長い時間切削すると工具刃先は丸くなり，すくい面側 A と逃げ面側 B が破線のように摩耗して鈍化する．すくい面 A 側の摩耗を**すくい面摩耗**(Crater Wear：**クレータ摩耗**)，逃げ面 B 側の摩耗を**逃げ面摩耗**(Frank Wear：**フランク摩耗**)といい，おのおの K_T，V_B で表わす．

(2) 工具寿命

逃げ面を顕微鏡で見ると摩耗した部分は直線になって光って見える．工具寿命はこの逃げ面摩耗の大きさ V_B で判定する．通常の加工ではこの逃げ面摩耗幅が 0.6mm, $V_B = 0.6$ になった状態で寿命に達したとする．高精度に加工する場合は 0.1mm とか 0.2㎜に決めたりする．寿命に達した工具は機械から外して工具研削盤などで再研削する．

4-3 超硬工具

(1) 超硬の種類

超硬は**タングステンカーバイト(WC)**という高硬度材料と結合剤コバルト(Co)との焼結体であり，JIS では P,M,K の 3 種を規定している．

歴史的には K 種が最初に出現した．**K 種**は鋳物に

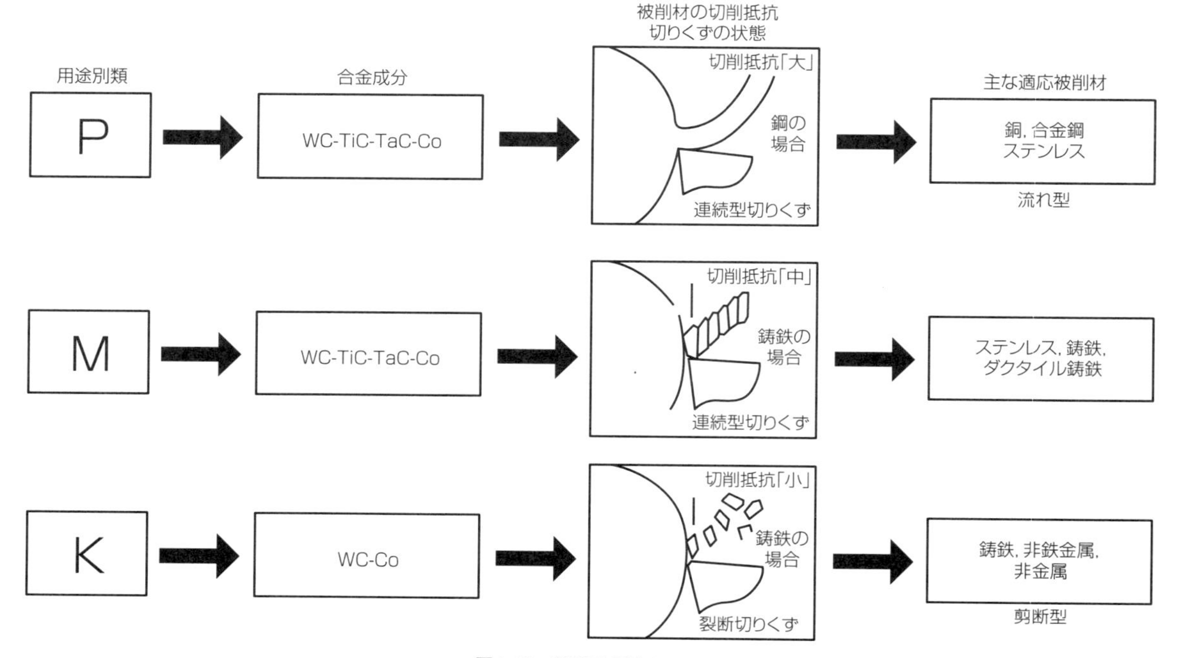

図 1-15　超硬の 3 種 P,M,K

はよかったが，鋼の切削ではすくい面のクレータ摩耗によりすぐに駄目になった．**チタンカーバイト(TiC)**や**タンタルカーバイト(TaC)**を添加して，すくい面摩耗に対する強度をアップし．K 種の欠点を改善したのが**P 種**である．**M 種**はP種とK種の中間の性質を有し，ステンレスの加工に向いている．まとめると**図 1-15**のようになる．

図 1-16　3層コーティングの例

(2) 結合剤 Co の含有率と靭性との関係

超硬はP，M，Kの3種から，さらに結合剤コバルト(Co)の含有率によって10～50の5段階になる．

P 種	P10	P20	P30	P40	P50
K 種	K10	K20	K30	K40	K50

P10，K10と数字が少ない方がタングステンカーバイト(WC)に比してコバルトの含有量が少なく，超硬としては硬いが欠けやすい組織である．

P50，K50と数字が多い方がコバルトの含有量が多くなり，柔らかく脆いが，靭性が増して欠けにくくなる．**靭性**(じんせい)は折れにくさ, 英語でStiffness(スティフネス)といい，工具損傷に関する重要なファクタである．刃先が欠けると加工不良になる危険があり，刃先が脆いと寸法が変化して加工精度が悪くなる．

(3) コーティング超硬合金

現在ではコーティングした超硬が広く使用されてい

る．これは超硬合金を母材としてその表面に**化学蒸着**(Chemical Vapor Deposition: **CVD**）法により TiC，TiN や $A\ell_2O_3$ など超硬質・高融点材料を 2 ～ 15 μm の厚さでコーティングしたものである．コーティングの構造を**図 1-16** に示す．ほかに**物理蒸着**(Physical Vapor Deposition: **PVD**)法によるコーティングもある．

5　切削条件の三要素

切削条件とは**切削速度**，**送り速度**および**切込み深さ**の 3 つをいう．切削条件は，フライス盤の能力，工作物の材質，工具の材種，仕上げ面精度などいろいろな要素で決められる．

前述の項目「2-2　正面フライスによる平面削り」(p.11) では，切削速度 120m/min，主軸回転速度 500min^{-1}，送り速度 400mm/min，切込み深さ 3.5mm とした．

5-1 切削速度と主軸回転速度

(1) 標準切削速度

切削速度は工具の外周切れ刃が工作物を削る速度であり，切削条件の三要素のなかで最も重要なファクタである．正面フライスによる平面削りの例では切削速度を 120m/min とした．この切削速度は何によって決められたか，その根拠を考える．

単位時間により多くの切りくずを出すこと，つまり能率の点からいうと，切削速度はできるだけ高いことが望ましい．しかし，むやみに速度を上げると，切削中にびびりを起こし，工具刃先が早く摩耗してしまう．一般的にいうと，切削速度が上がるにつれて刃先温度が上昇し工具の損傷も早くなる．工具の交換時間や再研削のコストを考えると，速度を上げてマイナスになることにもなる．

この関係は**図 1-17** のようになり，生産性や経済性から見て最適の切削速度があることがわかる．前節における「4-2　工具刃先の損傷」p.15 において，定常摩耗と工具寿命について取り上げた．

種々の材質の工作物と工具材種の組合わせで切削試験が行なわれ，工具寿命 T (min) と切削速度 V (m/min) について，逃げ面摩耗幅 V_B が 0.6mm になるときの関係式がある [式(1)].

$$VT^n = C \quad \cdots\cdots\cdots\cdots \quad (1)$$

この式の n と C は，工具と工作物の材質や硬さによって決まる定数である．今回の例に当てはめると，次の式になる．**図 1-18** はこれをグラフにしたものである．

$$VT^{0.26} = 370$$

この図から T=60，60 分寿命にすると切削速度は 120m/min になる．工具寿命 T=60min としたときの切削速度を**標準切削速度**といい，これが切削速度の基本になる．

切削速度は，工具の種類と材質とサイズ，工作物の

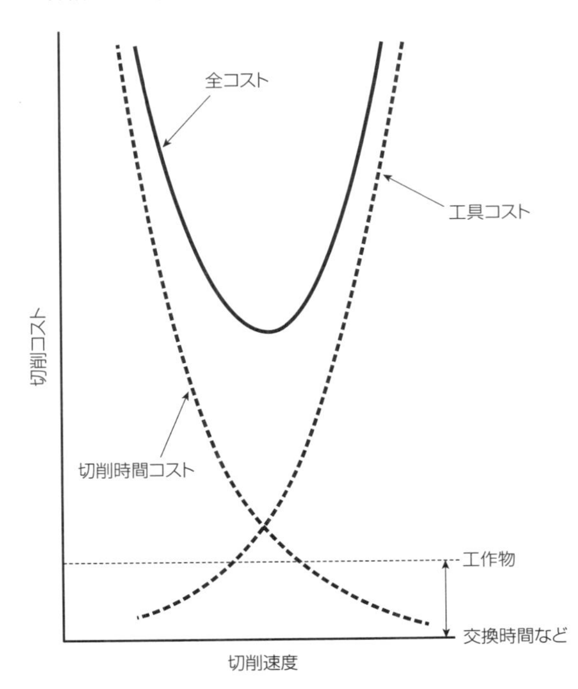

図 1-17　切削速度とコストの関係

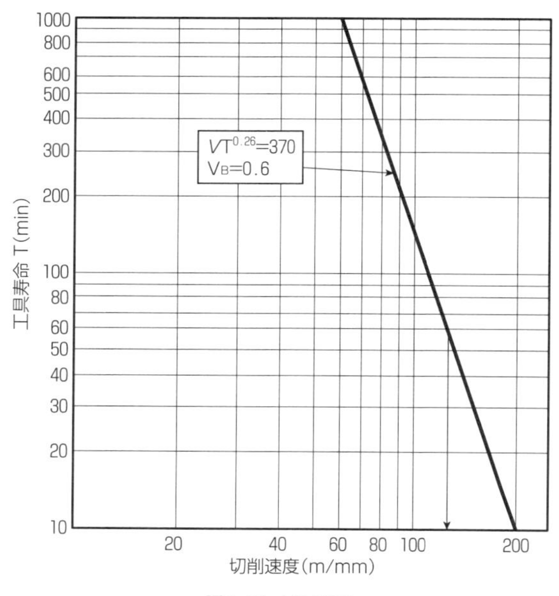

図1-18　VT 線図

材質，さらに荒削りと仕上げ削りでも異なる．実際の切削では，工具寿命ばかりでなく，ほかの要因も考慮するので上記の切削速度は目安の値であるといえる．

(2) 主軸回転速度の計算

切削速度と主軸回転速度との間には次式の関係がある [式(2)].

$$V= \pi DN / 1000 \ (\mathrm{m/min}) \quad \cdots\cdots\cdots\cdots \quad (2)$$

ここで，Vは切削速度(m/min)，D は工具の外径(mm)，Nは主軸の回転数(min^{-1})である．正面フライスの場合，D=80，V=120m/min とすると，

$$N = 1000/\pi D=1000\times120/3.14\times80=480 \ (\mathrm{min}^{-1})$$

5-2 1刃当り送りと切削送り速度

(1) 1刃当りの送り*Sz*

切削送り速度は工作物に対する工具の移動速度であり，加工能率に直接的に影響する．送り速度が高いほど工具寿命は延び，切削効率が上がることが知られる，活用すべき要因である．送り速度も過度に上げると熱応力によって切れ刃がチッピングを起こし，加工面も悪くなる．通常，荒加工では送り速度を上げて能率よく削り，仕上げでは速度を下げて面粗さをよくする．

正面フライスによる平面削りの例では，送り速度を400mm/min とした．この値は 1 刃当り送りから算出する．正面フライスの加工はフライスの 1 刃ごとに切削が進み，**図 1-19** のようになる．切れ刃 1 枚についてどれだけ切削するか，という 1 刃当りの送り Sz (mm/tooth) を基準にする．切削速度と同じように，1 刃当り送り Sz も工作物と工具の組合わせから標準的な値が決められている．

(2) 送り速度の計算

1 刃当りの送り Sz が決まると，次の式から送り速度を計算することができる [式(3)].

$$F= Sz \times Z \times N \quad \cdots\cdots\cdots\cdots \quad (3)$$

Fは工具またはテーブルの送り速度(mm/min)，Sz は 1 刃当り送り (mm/tooth)，Zはフライスの刃数，Nは主軸回転速度(min^{-1})である．

切削例では，Sz=0.15mm/tooth，Z＝6，N=480min^{-1} から次のようになる．

$$F= 0.15 \times 6 \times 480 = 432 \ (\mathrm{mm/min})$$

5-3 切込み深さ

切込み深さとは工作物を削りとる深さである．切込深さを大きくすることは能率的であり，工具の摩耗からも好ましいが，熱応力によってチッピングを起こし切削熱で工作物が反りかえるなどの熱変形をきたしやすくなる．

主軸出力にもよるが，2 ～ 3 番のフライス盤で正面フライスによる平面削りの場合，荒削りで 3 ～ 5mm

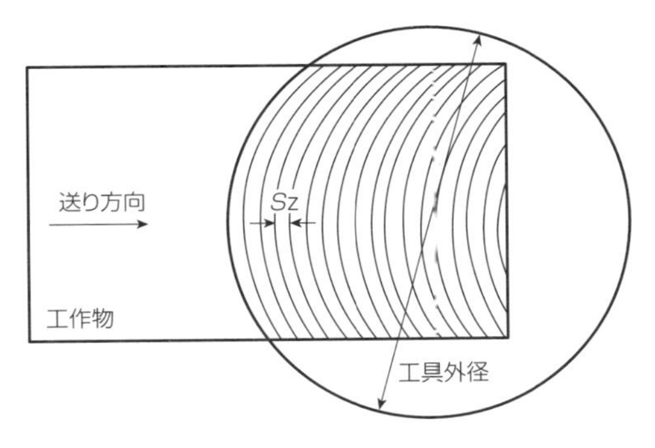

図1-19　1刃当たりの送り Sz

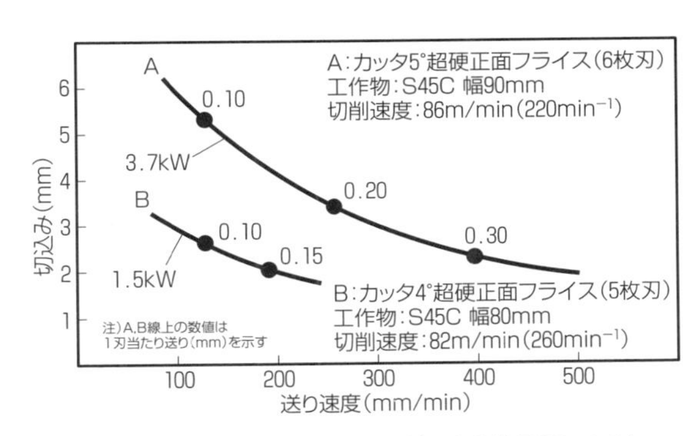

図1-20　切込み深さと送りの関係(最大負荷切削による)

である．3.7kWの主軸で最大出力まで切削したときの送り速度と切込み深さとの関係を**図1-20**のグラフAに，1.5kWの主軸の場合をグラフBに示す．

グラフAで1刃当たり送り *Sz* が0.1mmと0.3mmの場合の切りくず除去率を比較すると次のようになる．

Sz = 0.1の場合　　686cc/min
Sz = 0.3の場合　　910cc/min

この数値は切込み深さを浅くして送り速度を高くした，浅切込み高送りの切削法が効率的であることを示している．

5-4 切削条件の実際上の問題

これまで述べてきた切削条件は適正条件のひとつの目安であって最適ということではない．たとえば標準切削速度を例に取れば，工作物は安定した方法でクランプされ，工具も刃先の損傷など起こらない定常摩耗を前提としている．しかし実際には工作物の肉厚が薄く，締付けが不十分などの障害がつきものである．

作業者は，切削の具体的な状況を目で見て，耳で聞き，肌で感じて，その善し悪しを総合的に判断することが大切である．

・びびりが起こらないように

びびりは特有の騒音と振動を伴う切削であり，切削面が縞模様になる．これは材料を問わず起こる現象であり，加工面を悪くするばかりでなく切れ刃のチッピングを誘発しやすい厄介なものである．実際の切削条件は，工具の摩耗よりも，このびびり防止の点から決まるといっても過言ではないくらいである．

びびりの防止法としては，まず切削速度を下げ，切込み深さを減らし，送りを早くする．工具の材質や取付け方法，切れ刃部のL/Dなど，ほかの要因も検討する必要がある．

コラム 歴史探訪

フライス盤の起源

回転する複数の工具刃先(バイト)で金属材料を切削するフライス盤の起源は，横中ぐり盤で1769年に英国のスミートン(John. Smeaton)がキャロン鉄工所で試作したものである(図1)．この加工機は動力源を水車とし，主軸の先端に回転する円盤状の工具を取付け，ワークとなる蒸気機関向けのシリンダを台車に固定して，ウィンチのロープで移動する方式を採っていた.

ワットの実験用蒸気機関向けにこのマシンで中ぐりした円筒の穴加工精度は，直径18inch(φ457.2mm)に対して誤差が3/8inch(9.5mm)となっていた．その後には1776年にウィルキンソン(John Wilkinson，1728～1808：英国)がワークのシリンダを固定し，中ぐり工具[切削工具(バイト)]を移動させて切削する中ぐり盤を試作した．ワットの蒸気機関は，この中ぐり盤を使って加工した.

これまで機械技術書には，エリー・ホイットニー(Eli Whitney)が1818年に試作したフライス盤(写真1)となっていたが，21世紀になってから，彼とほぼ同時期にミドルタウンの銃器工場を運営していたシメオン・ノース(Simeon North)とロバート・ジョンソン(Robert Johnson)がフライス盤のプロトタイプ(図2)を試作したのが事実だろうということになっている．これを1829年～1831年にジェームス・ナスミス(James Nasmyth)が，六角形のナットの側面を角度割出

(「工作機械の歴史」L. T. C. Rolt/磯多浩訳　平凡社1989年)

図1　スミートンの中ぐり盤

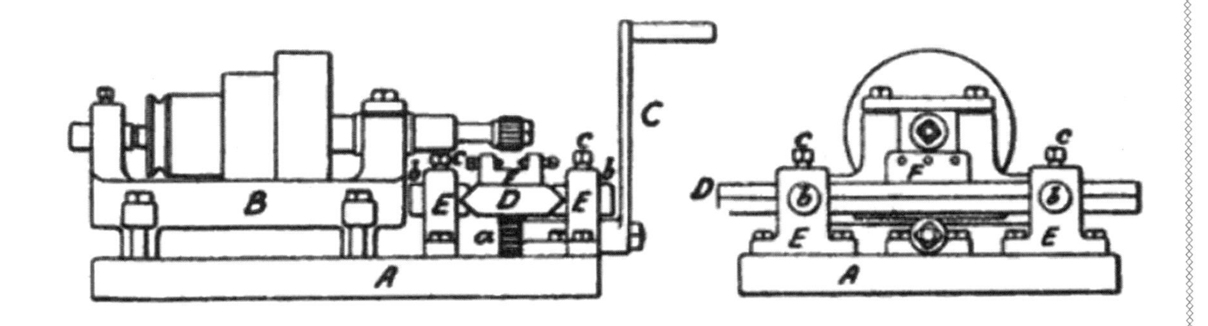

図2　銃器部品加工用フライス盤の原型

しするジグを利用して，6 面を切削加工するフライス盤に改良した(図 3).

フライス加工機は旋盤のバイトを，回転する工具に変えて刃物台に取付けて切削する工作機械として改良が行なわれてきた．そして工具を回転させることによって切削加工時間の短縮と回転工具を保持する方法の改良が進められてきた．

フライス加工機の登場は，これまで明確にされていない．それは，ほんの 200 年ほど前の 19 世紀の米国における金属加工業者（日本では鍛冶屋と刀鍛冶に相当する）が作業現場で，金属を切削する効率と切削精度を改善するために，それぞれが個別に工夫した成果をフライス盤として試作しながら改良を繰返したものをまとめた切削加工機だからである．一人の天才がひらめきによって構想したマシンではないのである．

写真1　1810年ころのフライス盤

The Middletown milling machine of circa 1818, associated with Robert Johnson & Simeon North.

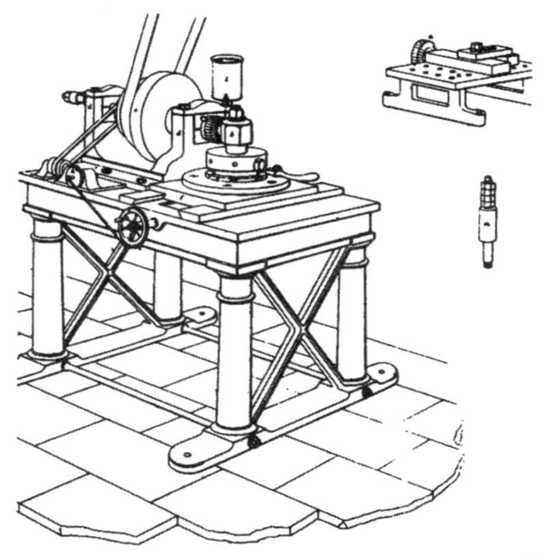

図3　ナスミスが試作した割出し台付きの横形フライス盤
(段車駆動方式)

第2章の本旨，キーポイント

NC フライス加工では，すべての加工を NC プログラムによって行なう．そのため NC プログラムを理解する必要があり，加工するためには NC プログラムを作成する必要がある．NC はアメリカで開発されたので英語，しかも馴染のない難解な単語が多いが，習得するように努めてほしい．NC プログラムは，工作物は固定し工具が移動する，工具の位置は XYZ の座標で表わす，という原則に基づいてつくられる．

本章の「2 プログラムの基礎」では，プログラムの最小単位のワードからはじまって，ABS と INC，機械座標系とワーク座標系，M・S・F の機能などプログラムの基礎的事項について説明している．

後半の「3 プログラミング」では，直線と円弧，プログラムの構成とプログラム番号の説明をしており，一通り動くプログラムをつくれるようになる．最後に「4 工具径補正」，「5 サブプログラム」，「6 固定サイクル」の重要な3つの機能を説明する．

巻末に挙げた練習問題に取組み，プログラムをつくる力をつけてほしい．

第2章

NCプログラムのつくりかた

2

1 NCフライス盤

NC プログラムのつくりかたにはいる前に，NC フライス盤について少し触れておきたい．NC とは Numerical Control (数値制御) の略であり，NC フライス盤は NC プログラムで表わされた指令によって動く．

1-1 NCフライス盤とは

(1) 特　徴

NC フライス盤は各種フライス工具を使用し，これに回転切削運動を与えながら切削加工を行なう工作機械である．切削の種類は**平面削り**，**側面削り**，**外周削り**，**ポケット削り**などであり，平面，側面，段差，真直な溝および円弧を含む**溝**などがある．

NC フライス盤による加工の特徴の第 1 は，0.001mm といった小さな単位で動作の制御を行ない，工具経路の指示ができることである．第 2 は駆動軸を同時 2 軸，同時 3 軸に制御し，円弧を含む曲線，曲面など複雑な形状の加工が行なえることである．第 3 は，プログラムを変えるだけで機械の動作を異なったものにし，多くの種類の加工を行なうことである．

(2) 種　類

NC フライス盤には，主軸の向きによって**立形**と**横形**，テーブルの支持構造により**ニータイプ**と**ベッドタイプ**がある．実際に NC フライス盤として普及している機種は，立形のニータイプと立形のベッドタイプの 2 種類のフライス盤である．

立形ニータイプのフライス盤 (p.9 写真 1-2) は操作性・接近性がよく，広範囲のフライス作業を行なうことができる．大きな工作物では**剛性**や精度に影響が出る．

写真 2-1 はベッドタイプのフライス盤である．このタイプの汎用フライス盤では，操作性や汎用性などから普及したのは生産フライス盤であった．テーブルがベッド上に直接支持されているので剛性が高く重量物

写真2-1　立形NCフライス盤　ベッドタイプ

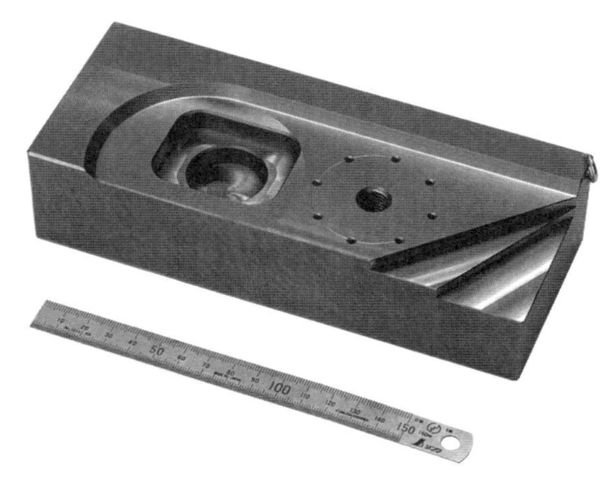

写真2-2　NCフライス盤による加工例

の加工に適しており，精度上も安定している．NCフライス盤が開発されてから広く使用されるようになった．このNCフライス盤に工具交換装置と工具マガジンを付加した機械が後述する**立形マシニングセンタ**である．

(3) 加工例

正面フライスによる平面削り，エンドミルによる側面削り，四角や円の**ポケット加工**，**斜め削り**，**円弧削り**などNCフライス盤によるさまざまな加工例を**写真2-2**に示す．

写真2-3　操作型NCフライス盤

1-2 外観・操作盤

(1) 外　観

写真2-3に，ここで取り上げる操作型NCフライス盤の外観を示す．上部中央に立軸の主軸頭がある．主軸頭は前後方向と左右方向に移動する．本体前面の下側にテーブルがある．工作物はバイスなどの取付け具を介してこのテーブル上に載せる．

主軸頭の左右移動がX軸，前後移動がY軸，テーブルの上下移動がZ軸になる．テーブルの下にあるハンドルを回すことにより手動でX軸，Y軸，Z軸の移動を行なう．

(2) 操作盤

機械本体の右側に操作盤があり，その拡大図を**写真2-4**に示す．左側に操作画面［LCD (Liquid Crystal Display: 液晶) ディスプレイ］，右側にキーボードがある．その下側にMDI運転［➡ p.104 第5章 機械の運転 3-1 MDI運転，を参照］，メモリ運転，手動運転のモード切替え釦がある．プログラムによる加工のための操作を行なう．

写真2-4　操作盤

2 プログラムの基礎

2-1 NCプログラムとは

NCとは，先に述べたように，Numerical Control（数値制御）の略であり，数値で表された指令によって機械を制御する．図面から読み取った加工の情報をNCフライス盤のNC装置が理解できる言葉で表わしたものを**NCプログラム**といい，このNCプログラムを作成する作業を**プログラミング**という．

たとえば，**図2-1**に示すような正面フライスによって平面削りを行なうことを考える．汎用フライス盤でこの加工を行なう場合は，次のように機械を動かす．

①Aで主軸を1000mim^{-1}で回転させる．
②AからBへ早送りでカッタを下げてBに位置決めする．
③BからCまでの間を毎分200mmの送り速度で送って切削する．
④CからDへ早送りで逃げる．
⑤Dからスタート点Aへ同じように早送りで戻る．
⑥A点で主軸回転を止める．

プログラミングとは，これらの動きをアルファベットと数字を組合せた言葉で，**表2-1**のように表わすことである．この表の右端のNCプログラムが，NC装置によって受けいれられる形の言葉（**ワード Word**）である．

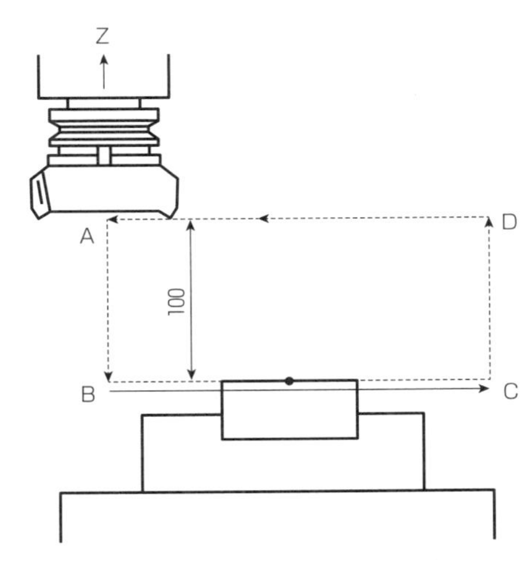

図2-1　正面フライスによる平面削り

表2-1　プログラミングの例

工　程	機械の動作	NCプログラム
i	1000回転で主軸を回転させる	S1000 M3
ii	早送りでAからBまで移動	G00 Z－100.0
iii	送り速度200m/min 切削送りでBからCまで移動する	F200 G01 X350.0
iv	早送りでCからDまで移動する	G00 Z100.0
v	早送りでDからAまで移動する	(G00)（省略できる） X－350.0
vi	主軸回転を停止する	M5

NCフライス盤による実際の加工では，この表以外の指令も加えて下記のようなプログラムになる．アンダラインの部分は表2-1で説明したところである．

```
O0001;
G90 G54 G00 X0 Y0 S1000 M3 ;
Z100.0 ;
G91 Z-100.0 ;
G01 X350.0 F200 ;
G00 Z100.0 ;
X-350.0 ;
M5 ;
M30 ;
```

NCプログラムを完全に理解するのはもう少し後のことにして，このようなプログラムで加工するということを知ってほしい．このNCプログラムを使うと同じ加工を何回でも繰返して行なうことができる．

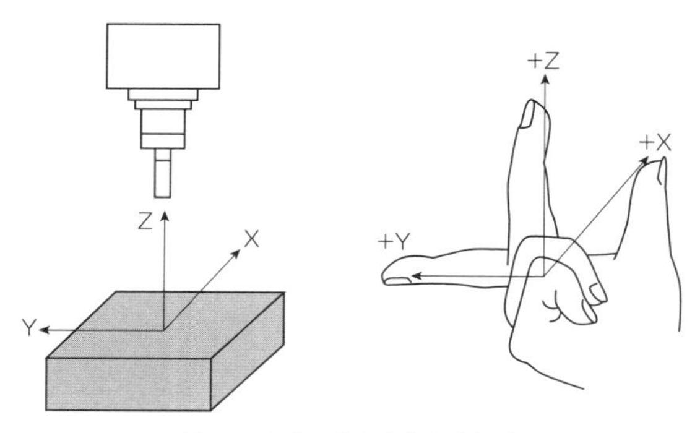

図2-2　右手で表わす直交座標系

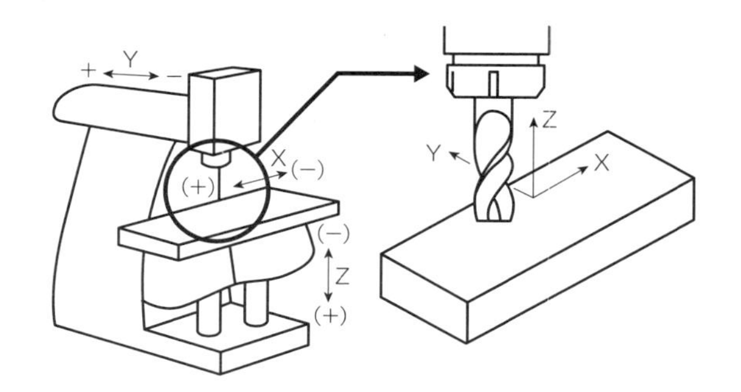

図2-3　ニータイプNCフライス盤の直交座標系

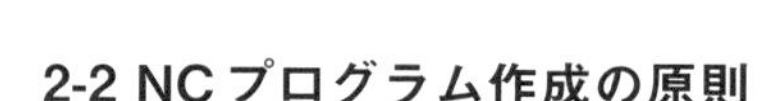

2-2 NCプログラム作成の原則

NCプログラムは,「工作物は固定し, 工具が動く」という原則に基づいてつくる. 工具の動きは, 親指をX軸, 人差指をY軸, 中指をZ軸とし, その指先をプラス方向とする「**右手直交座標系**」に基づいて表わす(**図2-2**).

また, NCフライス盤にはニータイプとベッドタイプなどいろいろな種類があり, 工作物を載せるテーブルを例にとると, ニータイプでは左右に移動し, ベッドタイプでは前後に移動するというように, 機械のタイプや構造によって動く部分が異なる.

しかし, NCプログラムをつくる場合は, 次の2つの原則に基づいてプログラムを作成する.

①工作物は固定し, 工具が動く.

②親指, 人差指, 中指を直交させ, その指先をプラス方向とする右手直交座標系によって工具を動かす.

したがってNCプログラムの作成は機械の種類・構造には左右されない. これをニータイプのNCフライス盤にあてはめると, **図2-3**のようになる. 図において, テーブル, ラム, ニーの動きがそれぞれX, Y, Z軸であり, そのプラス・マイナス方向は工具の動きにもとづいて決定される.

左側のフライス盤の図のなかの(+)は, 工具が+方向に移動するときの実際の機械の動きである. Y軸は機械の動きと工具の動きは一致しており, ラムが後退するとき工具は後方(プラス方向)へ動くことになる.

これに対して, X軸, Z軸の機械の動きは工具の動きとは逆になる. 機械正面から見てテーブルが左方向に動くとき工具は右方向(プラス方向)に動くことになり, ニーが下降するとき工具は上方(プラス方向)に動く.

表2-2アドレスとワードの関係

S	1000	X	350.0
(アドレス)	(数値)	(アドレス)	(数値)
[ワード]		[ワード]	

2-3 プログラムの最小単位

プログラムを構成する最小単位として, **ワード**と**ブロック**, **移動量**と**最小設定単位**, の2種類を挙げる.

(1) ワードとブロック

①アドレスとワード

NCプログラムは, **表2-2**に示すように, 大文字のアルファベットと数値を組合せて1つの**命令**(**コマンド Command**)を表わす. 大文字のアルファベットを, NCでは**アドレス**といい, アドレスと数値を組合せたものを**ワード**という.

プログラムで指令できる最小の単位はワードである. アドレスまたは数値のみを指令するとアラームに

なる．アドレスは指令する内容によって**表 2-3** のように使い分ける．

②ブロック

軸移動や主軸回転の起動・停止など動作の最小単位が**ブロック**である．1つあるいは2つ，3つなど複数のワードと **EOB**（；で表わす）の組合わせで1つの動作を行なう．EOB は **End of Block**（**エンド オブ ブロック**）の略であり，ブロックの終りという意味である．ブロックの最後に付ける．ECB がないと次のブロックと一体になってしまう．

主軸を 1000mim^{-1} で回転させる動作は次のように表わす．

S1000 M3；

送り速度 200mm/min で切削しながら移動する動作の指令は次のように表わす．

G01 X350.0 F200；

(2) 移動量と最小設定単位

移動量は X, Y, Z 軸における工具の移動量で入力し，その**最小移動量**（これを**最小設定単位**という）は，0.001mm（1 μm：マイクロメートル）である．

図 2-4 において，工具が X 軸のプラス方向に 50mm 動く場合は X50000 と書く．プログラムを短くし，チェックを容易にするために少数点入力も可能で

表 2-3　アドレスの指令内容

フライス盤の動作	アドレス	NC用語
テーブル・ラム・ニーの動き	X Y Z	移動指令
早送り，直線切削，円弧切削	G	準備機能
送り速度	F	送り機能
主軸回転速度	S	主軸機能
主軸起動・停止，切削油の入・切	M	補助機能

あり，この場合は X50.0 と書く．次の表現はすべて同じ意味である．

X50.
X50.0
X50.00
X50.000

プラス（＋）とマイナス（−）の符号のつけ方は，

プラス（＋）　　X50.0　＋を省略して表わす
マイナス（−）　X-50.0

X50. と X50 では意味が違う．X50. では 50mm 移動するが，X50 では 0.050㎜しか移動しない．この違いをはっきりさせるために，このテキストでプログラムを作成する場合，小数点付きの表現を用いる．

2-4 インクレメンタルとアブソリュート

X，Y，Z の各軸の移動量を指令する方法には，**インクレメンタル**指令方式（G91）と**アブソリュート**指令方式（G90）の2つがある．インクレメンタル（**INCREMENTAL**）は **INC**，アブソリュート（**ABSOLUTE**）は **ABS** と略す．**図 2-5** によって両者の違いを説明する．

(1) インクレメンタル指令方式（G91）

インクレメンタル指令は**増分値指**

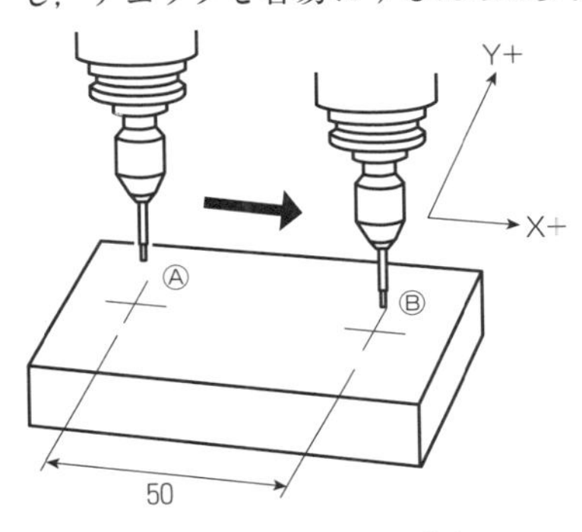

図 2-4　工具が 50mm 動く

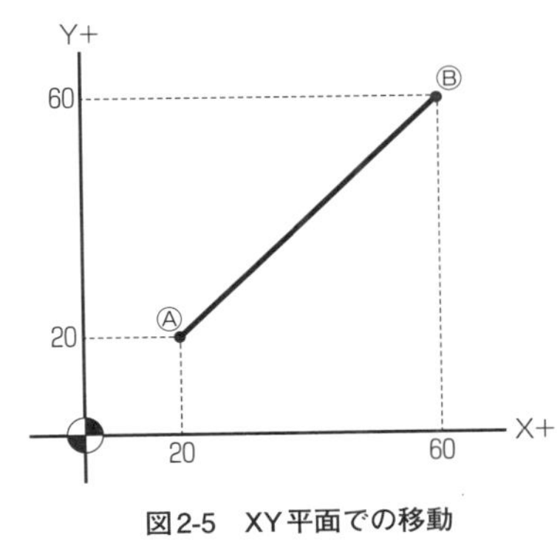

図 2-5　XY 平面での移動

令ともいい，移動指令は現在位置から次に移動する位置までの動きを用いて移動方向と移動量で指令する.

図 2-5 において，A → B へ移動するには次のように指令する.

G91 X40.0 Y40.0 ;

逆に，B → A へ移動するには次のように指令する.

G91 X-40.0 Y-40.0 ;

(2) アブソリュート指令方式 (G90)

アブソリュート指令は**絶対値指令**ともいい，移動指令は現在位置に関係なく移動後の位置を座標値で指令する.

図 2-5 において，A → B へ移動するには次のように指令する.

G90 X60.0 Y60.0 ;

逆に，B → A へ移動するには次のように指令する.

G90 X20.0 Y20.0 ;

図 2-6 の例で ABS，INC をもう少し練習する．図のスタート位置からアルファベットの大文字 N の形となる矢印の動きは以下のようになる.

INC では
G91 Y50.0 ;
X40.0 Y-50.0 ;
Y50.0 ;

ABS では
G90 X20.0 Y60.0 ;
X60.0 Y10.0 ;
Y60.0 ;

2-5 機械原点と機械座標系

主軸が右手直交座標系にしたがって X,Y,Z の 3 軸方向へ移動できる距離を**ストローク**といい，X 軸ストローク，Y 軸ストローク，Z 軸ストロークという．この移動範囲のなかの，ある特定の位置に座標系の原点が設定されており，これを**機械原点**と呼ぶ．この機械原点は機械メーカーで独自に決めている．**機械座標系**はこの機械原点を中心とする座標系である.

図 2-7 では各軸のプラスエンドに機械原点が設定された例を示している．この場合，ストローク範囲内の主軸位置の座標値はすべてマイナスの値になる．参考までに，ファナック製ロボドリルでは，X 軸がストロークのマイナスエンド，Y 軸と Z 軸がストロークのプラスエンドに機械原点が設定されている.

この機械座標系は加工時の移動指令に使われることは少なく，ワーク座標系設定のための基準として，あるいは，自動工具交換の位置設定などに利用される.

(1) レファレンス点

機械原点に関連して，NC 装置側で使用される用語にレファレンス点がある．**レファレンス点**とは，機械上のある特定の位置で工具を容易に移動させることができる点，と定義され

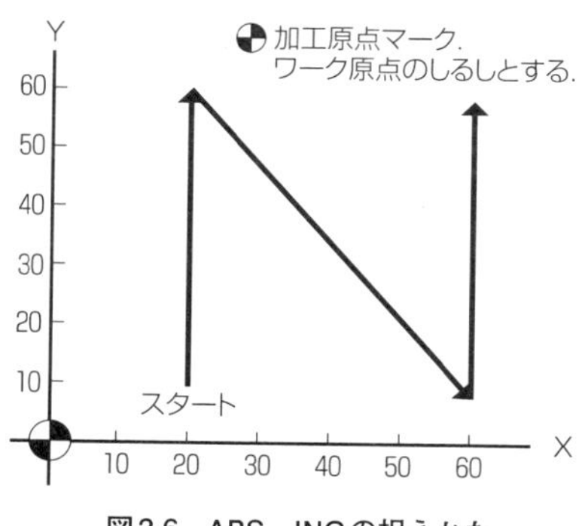

図 2-6　ABS，INC の捉えかた

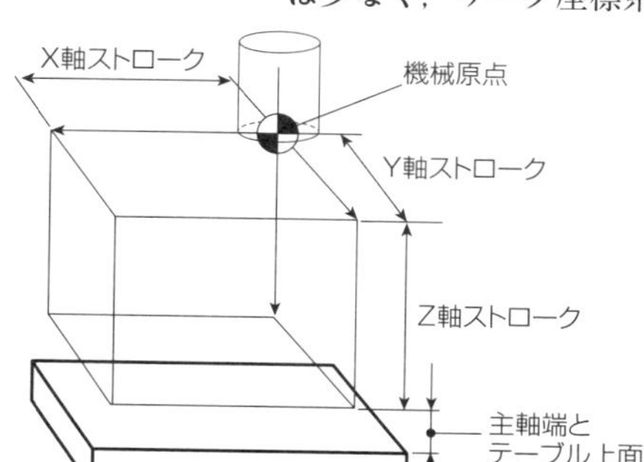

図 2-7　機械原点と移動範囲

ている．通常，レファレンス点と機械原点は同じ位置に設定してあり，同義語として使う．

NC 装置には，主軸を機械原点に容易に移動させる機能があり，これを**機械原点復帰**あるいは**レファレンス点復帰**という．指令方法は下記の通りである．

X，Y，Z の 3 軸を同時に機械原点復帰させる場合，

```
G91 G28 X0 Y0 Z0 ;
```

Z 軸を機械原点復帰させ，その後 X 軸，Y 軸を機械原点復帰させる場合，

```
G91 G28 Z0 ;
G91 G28 X0 Y0 ;
```

(2) 注意すべきこと

図 2-8 で示すように G91 G28 Z0；と G90 G28 Z0；では工具の移動が異なる．G90 G28 Z0；では，右図のように工具が工作物上面まで降下してから上昇する．工作物に衝突するとか人身事故など非常に危険であり，決して G90 で指令してはならない．

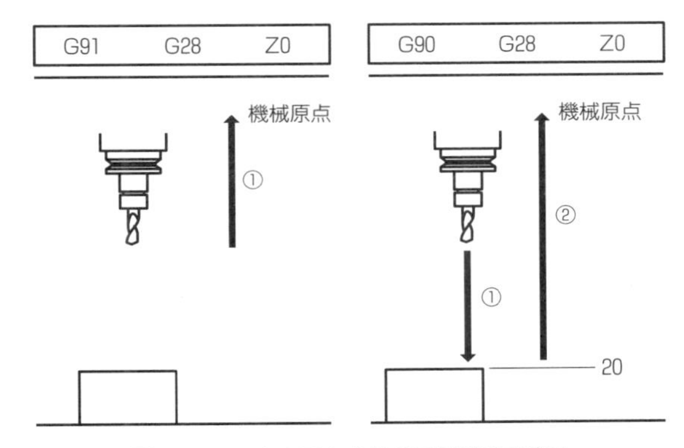

図 2-8　G91 と G90 における工具移動の違い

2-6 ワーク座標系

ワーク座標系は工作物や取付け具などの加工基準を原点とする座標系である．工作物では，たとえば左下のコーナ（**図 2-9**・左図）とか前後左右の中央（右図）などを加工基準にする．また上下方向では，工作物の上面を加工基準にし，Z0 になる．

このような加工基準を原点として設定される座標系

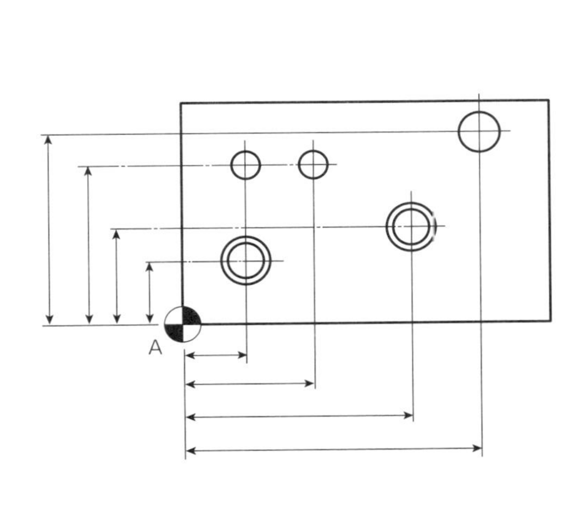

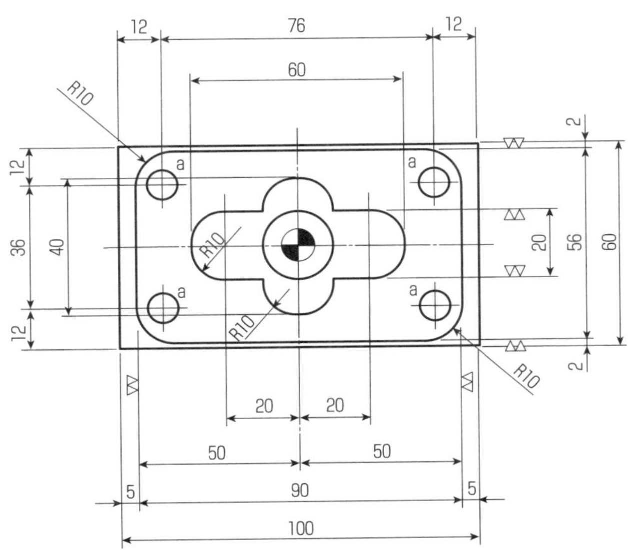

図 2-9　加工基準の例

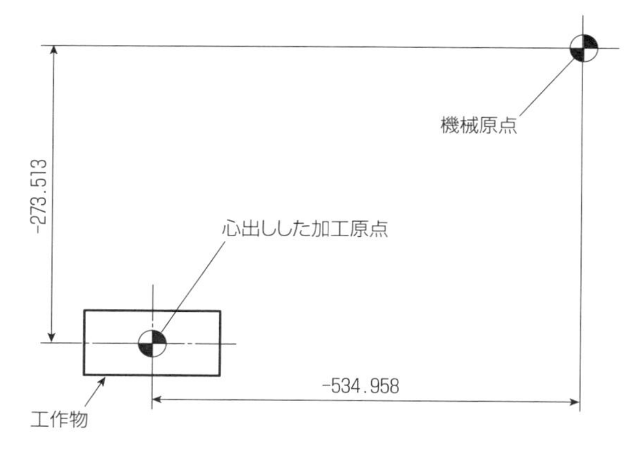

図2-10　機械原点と加工原点との関係

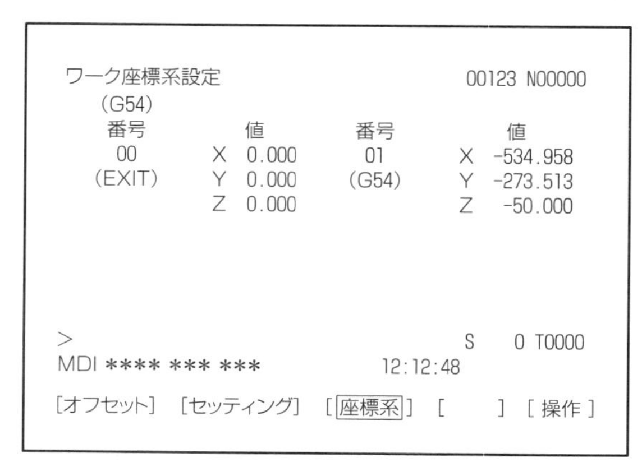

図2-11　ワーク座標系の設定

が**ワーク座標系**である．NC プログラムは，ワーク座標系の原点を基準にして工具が動くように作成する．

(1) ワーク座標系の設定方法

ワーク座標系は**図 2-10** のように機械原点から加工原点の距離を NC 装置のメモリ装置に入力して設定する．ここではわかりやすいように XY 平面の例を示している．

機械原点からの距離，X 軸では－534.958，Y 軸では－273.513 をワーク座標系 G54 に入力したものが**図 2-11** の例である．

また Z 軸は機械原点における工具刃先が工作物上面まで下がったときの機械座標の Z 座標の数値をワーク座標系 G54 の Z に入力して設定する．

加工スタート位置に位置決めする指令は下記のプログラムである．

```
G90 G54 G00 X0 Y0 ;
Z100.0 ;
```

(2) メモリ装置

ワーク座標系のメモリ装置には，G54 から G59 まで 6 つの異なる加工原点を設定して使用することができる．その代表が G54 であり，当面はこれだけを覚えれば十分である．

このワーク座標系は，リセットしたり電源を遮断しても記憶されており，加工スタート点を再現できる点で便利な座標系である．

2-7 M 機能・S 機能・F 機能

機械の動作に関する 3 つの機能，**M 機能・S 機能・F 機能**を説明する．

(1) 補助機能（M 機能：Miscellaneous Function）

補助機能は主軸回転の起動・停止，クーラント（切削剤）の ON/OFF など，機械側の ON/OFF 制御を指令する機能である．

［指令フォーマット］

M □□□

M のあとに機能番号（0 ～ 999）1 桁～ 3 桁

［M コードの例］

M3　主軸正転起動

M5　主軸回転停止

M8　クーラント ON

M9　クーラント OFF

M30　プログラム終了

M 機能はその働きによって 3 つに分類される．

ⅰ）ブロック内の軸移動と同時にM機能が動作するもの（例　M3）．

ⅱ）ブロック内の軸移動が完了したあとで動作するもの（例　M5）．

ⅲ）ブロックに単独で指令するもの．

1つのブロックのなかに2つのMコードを指令すると後者が有効になるので注意する．

(2) 主軸機能（S機能：Spindle Rotation Function）

主軸機能は主軸回転数を設定する機能であり，アドレスSに続いて主軸回転数を直接指令する．

［指令フォーマット］

S□□□□□

Sのあとに主軸回転数を5桁以内の数値で指令する．

［S指令の例］

S4000　毎分4000回転

実際のプログラムでは次のように指令する．

G90 G54 G00 X0 Y0 S4000 M3；

主軸回転数は切削速度から下記の計算式で算出する．

$$N = \frac{1000 \cdot V}{\pi \cdot D}$$

V：切削速度（m/min）
π：円周率（3.14）
D：カッタの直径（mm）
N：主軸回転速度（プログラムS指令 min^{-1}）

切削速度は使用工具，工作物の材質などによって推奨する値がある．切削条件表を参考にする．

(3) 送り機能（F機能：Feedrate Function）

送り機能は切削を行なう場合の送り速度を設定する機能であり，アドレスに続いて送り速度を直接指令する．

［指令フォーマット］

F□□□□

Fのあとに切削送り速度を4桁以内の数値で指令する．

［F指令の例］

F1000　1000mm/min

切削するときは必ず指令する．

実際のプログラムでは次のように指令する．

G01 Y150.0 F1000；

F指令は1度指令すると，異なるFコードが指令されるまでずっと有効である．送り速度は1刃当りの送りから下記の式で算出する．

送り速度も使用工具，工作物の材質によって推奨値がある．切削条件表を参考にする．

$$F = Sz \cdot Z \cdot N$$

F：送り速度（mm/min）
Sz：1刃当たりの送り量（mm）
Z：工具の刃数

3　プログラミング

機械の**基本的動作**には，**早送り，直線切削送り，円弧切削送り**の3種類がある．NC機械ではこれに対して補間という語を使う．**補間**とは，ある点とある点を結ぶこと，点と点との間をある線で補うことをいう．

直線で結ぶことを**直線補間**といい，円弧で結ぶことを**円弧補間**という．直線補間は早送り，直線切削送りに対応し，円弧補間は円弧切削送りに対応する．**準備機能（G機能）**と上記の動作の関係をあらわすと次のようになる．

G00　位置決め（早送り）
G01　直線補間（直線切削送り）
G02･G03　円弧補間（円弧切削送り）

3-1 直線補間（G00とG01）

(1) 位置決めG00

G00で位置決め動作を指令する．位置決めは，命令された位置に機械が出せるもっとも速い速度，早送りで移動する動作である．早送り速度は機種によって異なる．切換スイッチで数段階の速度に切り換える．

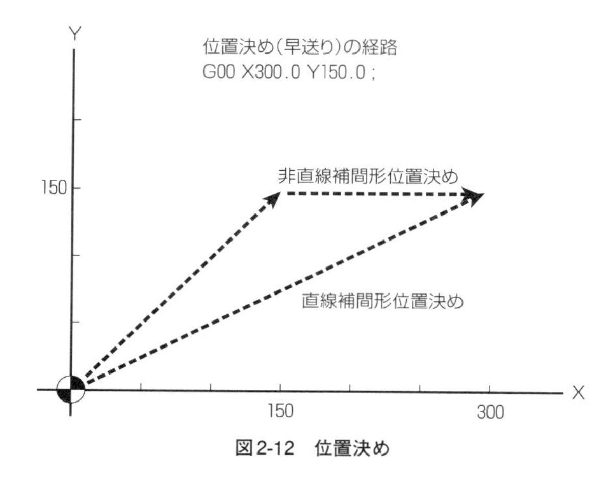

図2-12　位置決め

［指令フォーマット］
G90/G91 G00 X (YZ) ;
同時２軸・同時３軸の早送りも指令できる．

図 2-12 のように**直線補間形位置決め**と**非直線補間形位置決め**がある．

(2) 直線補間G01

直線補間は，F×××で指定した切削送り速度で工具が直線的に移動する動作である．斜めの移動においても指定された速度で移動する．主操作盤の**オーバライド機能**によって，指定された速度に対して０～200％の範囲で調整することができる．

［指令フォーマット］
G90/G91 G01 X (YZ)　F ;

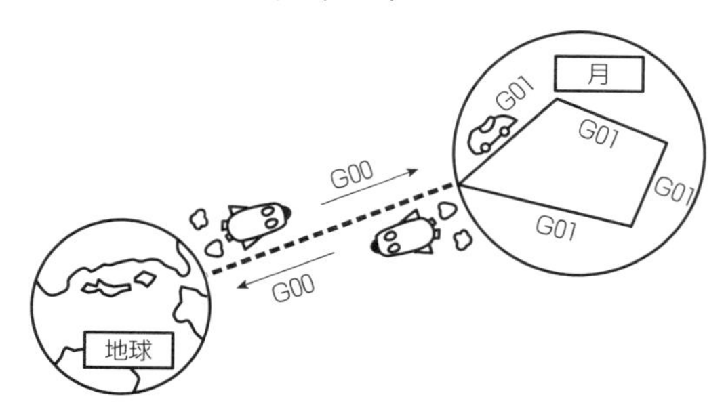

図2-13　G00とG01との関係

G01 X100.0 F1000; のように移動軸と移動方向と移動量，あるいは移動後の座標値，送り速度を指令する．同時２軸あるいは同時３軸の移動も指令できる．**図2-13** に G00 と G01 の関係を示す．

3-2 円弧補間(G02 と G03)

円弧補間は，現在位置から指令位置まで工具を円弧に沿って切削送りで移動させる動作であり，工作物の円や円弧を加工するときにこの機能を使う．円運動には時計方向の回転と反時計方向の回転があり(**図2-14**)，次のように指令する．

時計方向の円弧切削 **G02**　**CW** (Clockwise)
反時計方向の円弧切削 **G03**
CCW (Counter Clockwise)

円弧補間には平面指定が必要であるが，ここでは最もなじみの深い XY 平面(G17)に限定して話を進める．
［指令フォーマット］

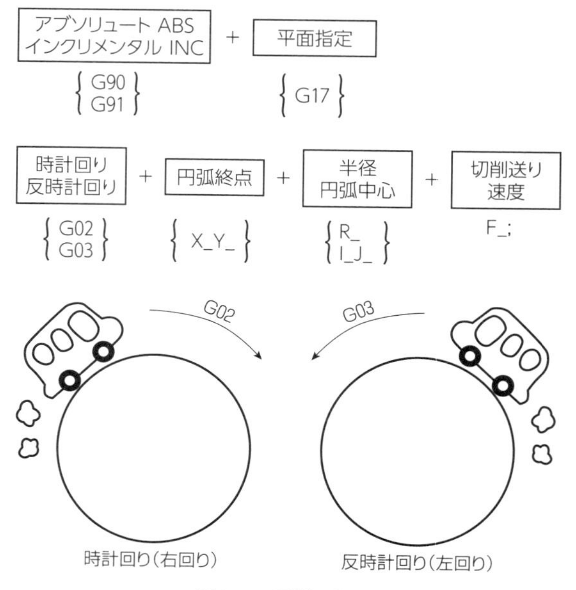

図2-14　円弧の移動

円弧の大きさをあらわす項目には次の２種類がある.

ⅰ)中心座標指令 I_ J_

ⅱ)円弧半径指令 R_

具体例として，**図 2-15** においてＡ→Ｂのように移動するプログラムを２種類で考える.

(1) 円弧中心座標 I_J_ 指令の場合

[ABS 指令の場合]

ABS 指令　G90

A から B への移動は反時計回り	G03
終点位置指令(ABS)	X20.0 Y40.0
円弧の大きさを IJ で指令(INC)	I-30.0J - 10.0
送り速度	F100

したがってプログラムは次のようになる.

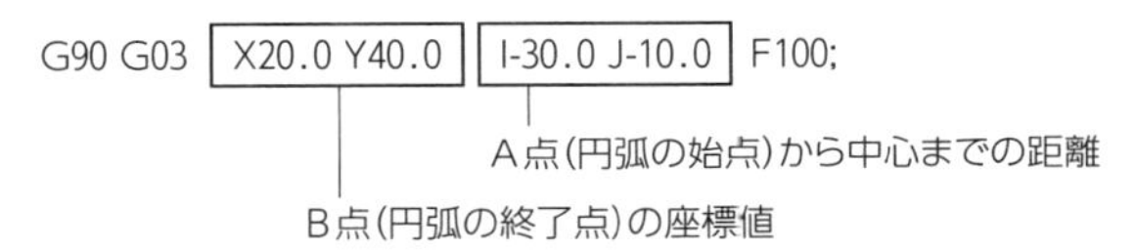

G90 G03
X20.0 Y40.0
I-30.0 J-10.0
F100;
A点(円弧の始点)から中心までの距離
B点(円弧の終了点)の座標値

[INC 指令の場合]

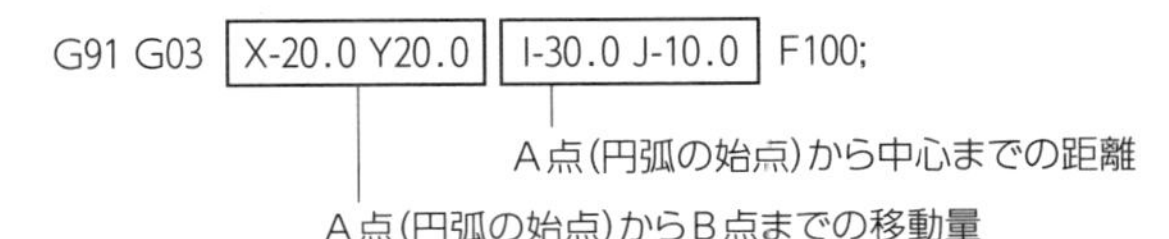

G91 G03
X-20.0 Y20.0
I-30.0 J-10.0
F100;
A点(円弧の始点)から中心までの距離
A点(円弧の始点)からB点までの移動量

I,J,K の指令は ABS も INC も同じである.

(2) 円弧半径 R_ 指令の場合

[ABS 指令の場合]

ABS 指令　G90

A から B への移動は反時計回り	G03
終点位置指令 (ABS)	X20.0 Y40.0
円弧の大きさを R で指令	R31.623

円弧の大きさの計算

$$R=\sqrt{30^2+10^2}=\sqrt{1000}=31.62277$$

四捨五入して 31.623

送り速度	F100

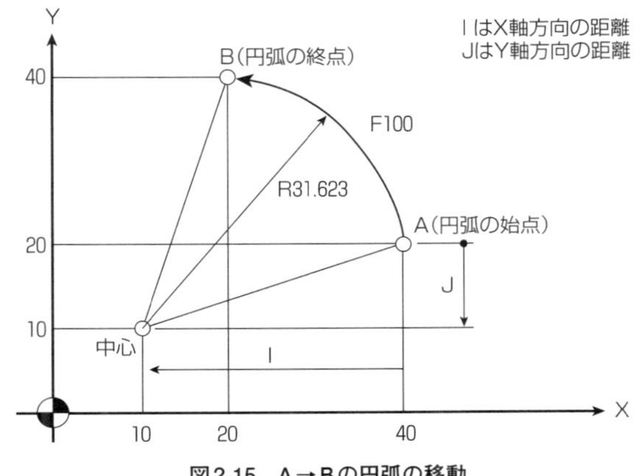

Y
X
I はX軸方向の距離
JはY軸方向の距離
B(円弧の終点)
A(円弧の始点)
F100
R31.623
中心
J
I
40
20
10
10
20
40

図 2-15　A→Bの円弧の移動

したがってプログラムは次のようになる。

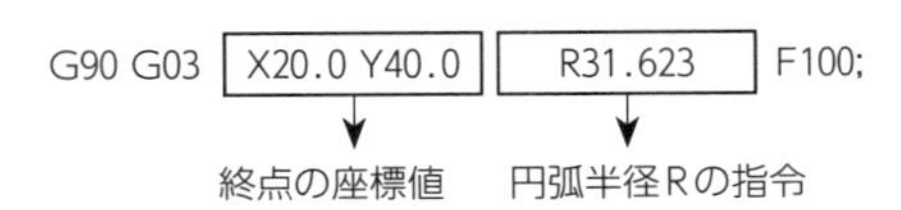

G90 G03
X20.0 Y40.0
R31.623
F100;
終点の座標値
円弧半径Rの指令

[INC 指令の場合]

G91 G03　X－20.0 Y20.0　R31.623　F100;

始点から終点までの移動量　円弧半径Rの指令

・円弧半径R指令の注意事項

円弧半径 R は Rxx と指令しやすい反面，下記のような制限がある.

①一周円には使えない.

②移動する角度が 180°を超える場合は半径 R をマイナスで指令する必要がある.

例 G90 G02 X70.0 Y20.0 R-50.0 F100;

円弧指令のプログラムは I，J でつくることを推奨する.

3-3 プログラム構成とプログラム番号

(1) プログラムの構成

加工の手順や方法をNCが理解できる言葉で表わしたものを**プログラム**という.

図2-16において, 工具がAからスタートして1→2… →6と直線あるいは円弧に沿って動くとすると, プログラムは**図2-17**のように, O 0001ではじまり, M30で終了する形で記述する.

(2) プログラム番号(O : オー)とコメント文

プログラム番号とは, 各プログラムを区別するための番号である. NC装置にプログラムを登録するために, プログラムの先頭にかならず付ける必要がある.

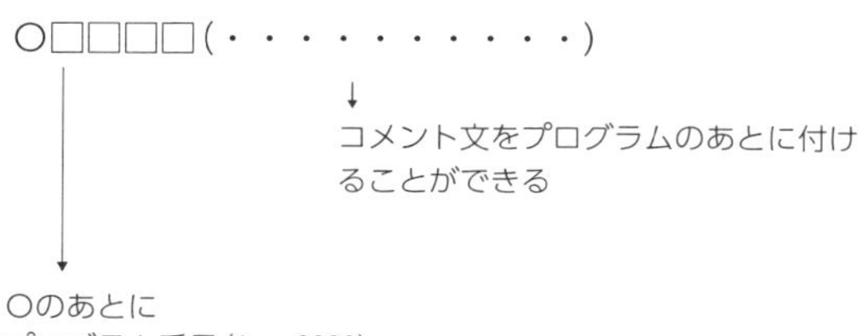

O番号の区分は以下のようになっている.

O 0001～O 7999　ユーザー領域

O 8000～O 8999　ユーザー領域
(プログラムのロック可能)

O 9000～O 9999　ユーザー領域
(工作機械メーカー使用)

このなかから好きな番号を自由に選ぶことができる. 使用できるプログラムの個数は機械によって制限されている.

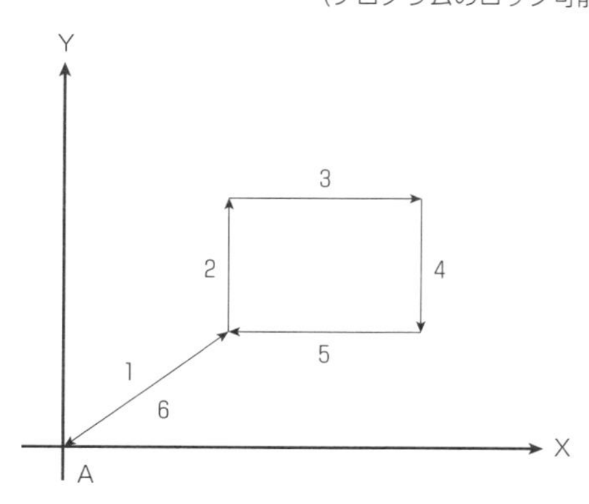

図2-16　工具の軌跡

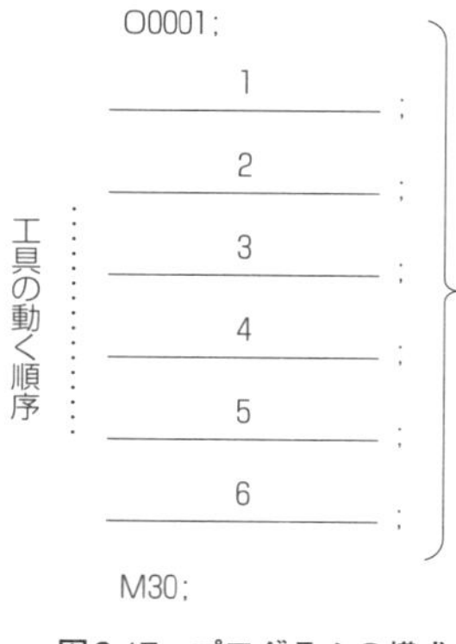

図2-17　プログラムの構成

3-4 プログラム例

いままで学んできた機能を使ってNCプログラムをつくってみる.

図2-18は直線補間を使ったプログラムの例である. 図のB点をワーク座標系G54の原点とし, 鉛筆のように先端の尖った工具がスタート点Aから次のように動くプログラムを考える.

スタート点Aで工具を装着した主軸が回転する. 早送りでB点に向かって動き出し, さらにC点に行く. CからD,E,F,Gは切削送り1000mm/minで移動し, Gでまた早送りに戻ってB→Aとスタート点に戻り, A点に到着と同時に主軸回転が停止することとする.

```
O 241;
G90 G54 G00 X0 Y0 S2000 M3 ;
Z100.0 ;
Z0 ;
X50.0 Y30.0 ;
G01 Y150.0 F1000 ;
X200.0 ;
Y50.0 ;
X30.0 ;
G00 X0 Y0 ;
Z100.0 M5 ;
M30 ;
```

図2-19は前図のC→D→E→F→Gの動きに円弧補間を追加した例である. アブソリュートG90

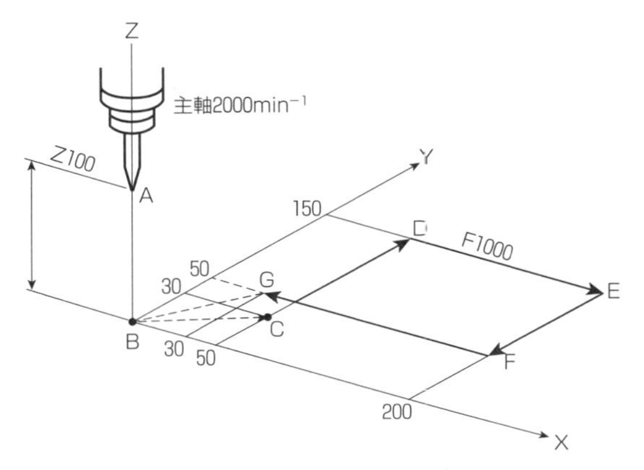

図2-18　直線補間のプログラム例

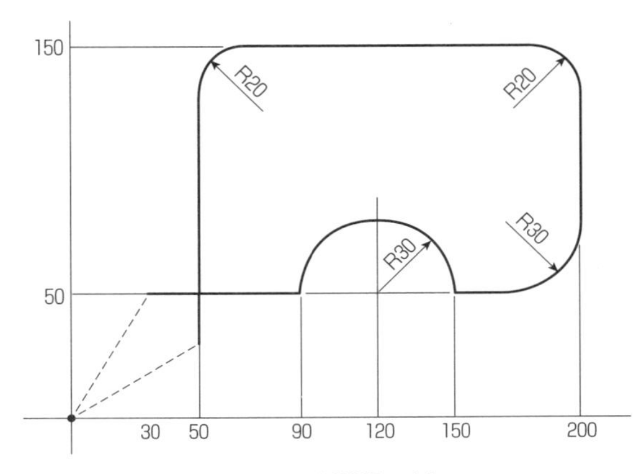

図2-19　円弧補間の追加

およびI·J指令を使ってプログラムO241を一部変更してつくると次のようになる.

```
O 242 ;
G90 G54 G00 X0 Y0 S2000 M3 ;
Z100.0 ;
Z0 ;
X50.0 Y30.0 ;
G01 Y130.0 F1000 ;
G02 X70.0 Y150.0 I20.0 ;
G01 X180.0 ;
G02 X200.0 Y130.0 J-20.0 ;
G01 Y80.0 ;
G02 X170.0 Y50.0 I-30.0 ;
G01 X150.0 ;
G03 X90.0 I-30.0 ;
G01 X30.0 ;
G00 X0 Y0 ;
Z100.0 M5 ;
M30 ;
```

練習問題　第1題(p.133)～第3題(p.137)　に取り組む.

4　工具径補正

工具径補正はエンドミルによる側面削りで使われる機能である. エンドミルによる側面削りは, 外側加工や溝の内側加工あるいは四角ポケットや真円ポケットなど多種多様に行なわれるが, 工具径補正の機能を使うと寸法決めを容易に行なうことができる.

次にこの機能の使用法, 指令の仕方について説明する.

4-1 工具径補正とは

図2-20のハッチング部で示すような形状をエンドミルの側面削りで加工する場合, 工具の中心は工作物から半径分だけ離れたところを通るような通路にする必要がある.

NC装置には, ハッチングのように図面通りに作成

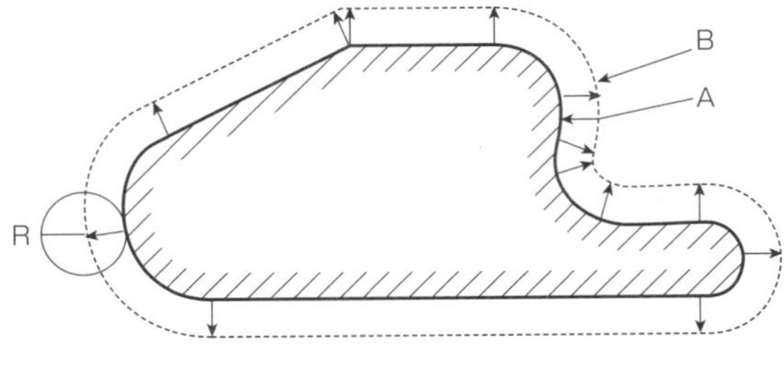

図2-20　工具径補正

したNCプログラムに対して，加工時に半径分あるいは設定量だけずらす機能があり，これを**工具径補正機能**という．また工具の位置がずれることを**オフセット OFFSET**という．この機能を使うと，プログラム作成時には使用する工具の直径を考慮せずに図面寸法通り指令することができる．

また，工具径のオフセット量を変えることにより同一工具，同一プログラムで荒加工と仕上加工を行なうことができる．この工具径補正にはG41とG42，そのキャンセルにはG40を指令する．

［フォーマット］

平面指定		工具径補正指定		補正番号
{G17 / G18 / G19}	{G00 / G01}	{G41 / G42}	{X_Y_ / Z_X_ / Y_Z_}	D_;

キャンセルの指定

{G00 / G01}	G40	{X_Y_ / Z_X_ / Y_Z_}	;

工具径補正G41を指令すると，**図2-21**(a)のように工具の中心は進行方向に対して直角に左側へ補正量だけ**オフセット**する．このとき切削は**下向き削り**(**ダウンカット**)になる．工具径補正G42を指令すると，(b)のように工具中心は進行方向に対して右側にオフセットし，切削は**上向き削り**(**アップカット**)になる．

NC機においては，工具の寿命・加工精度・仕上面などの要因によりダウンカット(G41)を多く使用する．

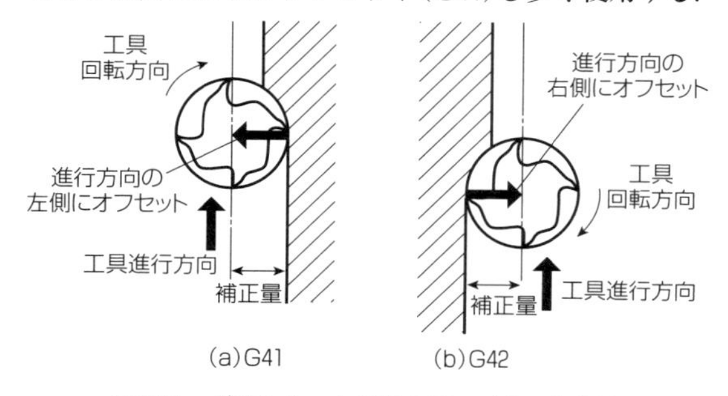

図2-21　ダウンカットG41とアップカットG42

4-2 工具径補正指令(G41とG40)

前節，「3 プログラミング 3-4 プログラム例」(p.34)で取り上げた図2-18を使って工具径補正の機能を説明する．前回の図は立体的に表示していたが，これを**図2-22**のようにXY平面に表わす．

前節では鉛筆の先のような工具を想定したが，ここでは直径 ϕ20mmのエンドミルでハッチング部の外側を深さ10mmだけ側面削りすることとする．NCプログラムは基本的には前述のものを使い，工具径補正の機能を使って，工具中心は加工原点Bからスタートして小文字のc→d→e→f→g→Bと移動するようにする．

NCプログラムは下記のようになる．

```
O 251;
G90 G54 G00 X0 Y0 S2000 M3 ;
Z100.0 ;
Z5.0 ;
G01 Z-10.0 F500 ;
N1 G41 X50.0 Y30.0 D01;
N2 G01 Y150.0 F1000 ;
N3 X200.0 ;
N4 Y50.0 ;
N5 X30.0 ;
N6 G40 G00 X0 Y0 ;
Z100.0 M5 ;
M30 ;
```

N1～N6はシーケンス番号といい，あるブロックを識別するための目安としてブロックの先頭に付ける番号である．ここでは工具径補正の動作説明のために使用する．

新たに追加した指令は，N1ブロックのG41 - D01，N6ブロックのG40である．

(1) スタートアップ

G41 - D01を追加したN1のブロックを**スタート**

アップという．この指令によって工具中心はB→cのようにオフセット量を増やしながら移動する．ずれる量はオフセット番号 D01 に格納されている数字で決まる．直径20mmでは10.0と入れる．

(2) オフセットモード

G41 - D01 が指令されると NC 装置は N2，N3，N4 のブロックを次々に先読みして演算を行ない，次に工具が進む点 d→e→f の位置を出していく．これを**オフセットモード**という．

(3) オフセットキャンセル

G40 を追加した N6 ブロックを**オフセットキャンセル**という．この指令によって工具中心は g→B のようにオフセット量を減らしながらスタート点に移動する（図 2-22）．

ここの加工では，直径20㎜のエンドミルの半分10.0を入れて仕上加工とした．オフセット量を意識的に変えることにより，同一工具と同一プログラムを使って荒加工と仕上加工を行なうことができる．

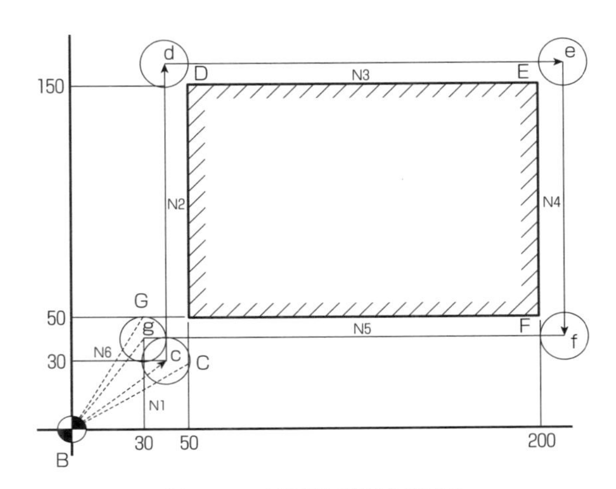

図2-22　工具径補正機能の使用例

4-3 工具径補正の注意事項

工具径補正機能は便利なものであるが，使用する際にはいくつか注意する事項がある．次にこれらを説明する．

(1) スタートアップの条件

スタートアップとはオフセットがかかるときの動きであり，次の条件を満たしている必要がある．

①平面選択で XY 平面 G17 が指定されていること．

②スタートアップのブロックが G00 または G01 のモードであること（G02，G03 では補正がかからない）．

③スタートアップのブロックに G41 または G42 を指令すること

④オフセット平面内で X 軸，Y 軸あるいは XY 軸同時の移動があること．

⑤オフセット番号が指令されていて，D00 ではないこと

工具径補正の機能にこのような条件があるのは，2 ブロックを先読みして演算することによってできる交点を目指して，工具の中心が移動するためである．これを**交点演算方式**という．**図 2-24** によってこのしくみを説明する．

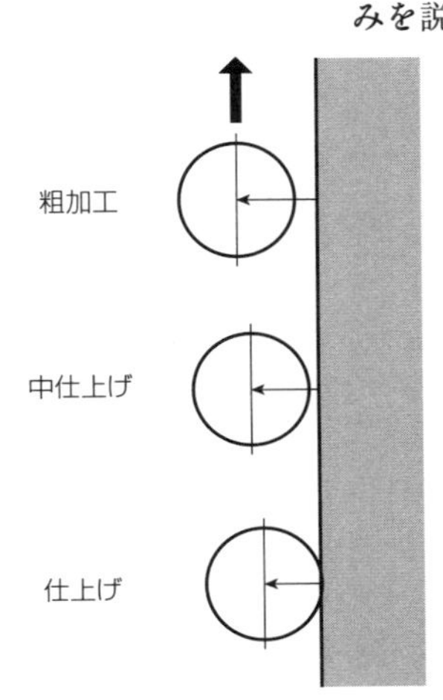

図2-23　オフセット量の違い

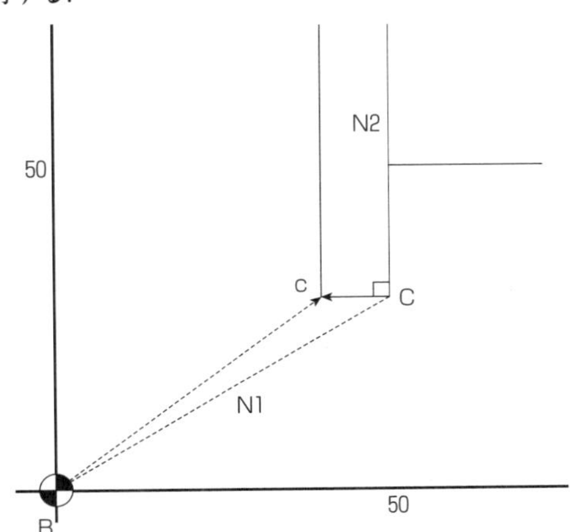

図2-24　スタートアップの工具の動き

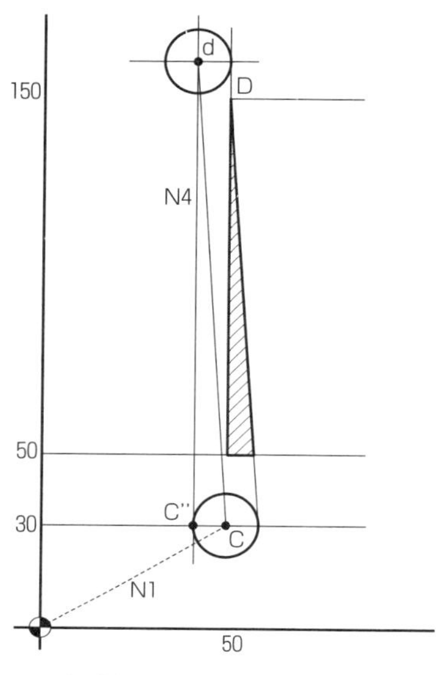

図2-25　オーバカット

［スタートアッププログラム］

N1 G41 X50.0 Y30.0 D01;
N2 G01 Y150.0 F1000 ;
N3 X200.0 ;

N1 ブロックの G41 の指令により，NC 装置は N2 と N3 のブロックを先読みして交点を演算する．そして N1 ブロックを実行するときは，主軸中心が N2 ブロックの始点から進行方向に対して左側に直角にオフセットした c 点に向かって移動する．2 ブロックまで先読みするので，この 2 ブロック中に X 軸，Y 軸あるいは X，Y 軸同時など XY 平面内での移動の指令が必要である．

(2) オーバカット（切込み過ぎ）の例

次のプログラムのように，スタートアップした後に Z 軸の移動が 2 ブロック続くと，オフセットが完全に行なわれず，オーバカット，切込み過ぎのトラブルを生ずる．

N1 G41 X50.0 Y30.0 D01;
N2 Z5.0 ;
N3 G01 Z-10.0 F500 ;
N4 G01 Y150.0 F1000 ;
N5 X200.0 ;

このプログラムでは，N1 のスタートアップ後に N2，N3 と Z 軸移動のブロックが続いている．この場合，工具はオフセットせず C 点(50,30)に移動する．N4 ブロックで，工具はオフセットしながら d 点に移動し，ハッチングの部分を余分に切削する（**図 2-25**）．これを**オーバカット**，**切込み過ぎ**という．このときアラームは発生しないので注意が必要である．

オーバカットを避けるには，前述の O 251 のプログラムのように Z 軸の高さをあらかじめ下げ，その後に工具径補正のスタートアップを指令することを推奨する．段差のある場合は，同一平面での加工を終了したら一旦オフセットキャンセルし，次の高さで再度スタートアップすることにより確実に加工を遂行できる．

練習問題　第 4 題 (p.139) ～第 7 題 (p.145)　に取り組む．

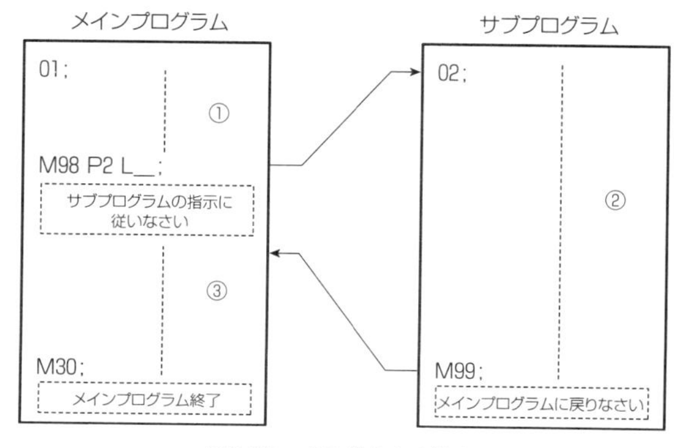

図2-26　プログラムの流れ

5　サブプログラム

5-1 サブプログラムとは

プログラムにはメインプログラムとサブプログラム

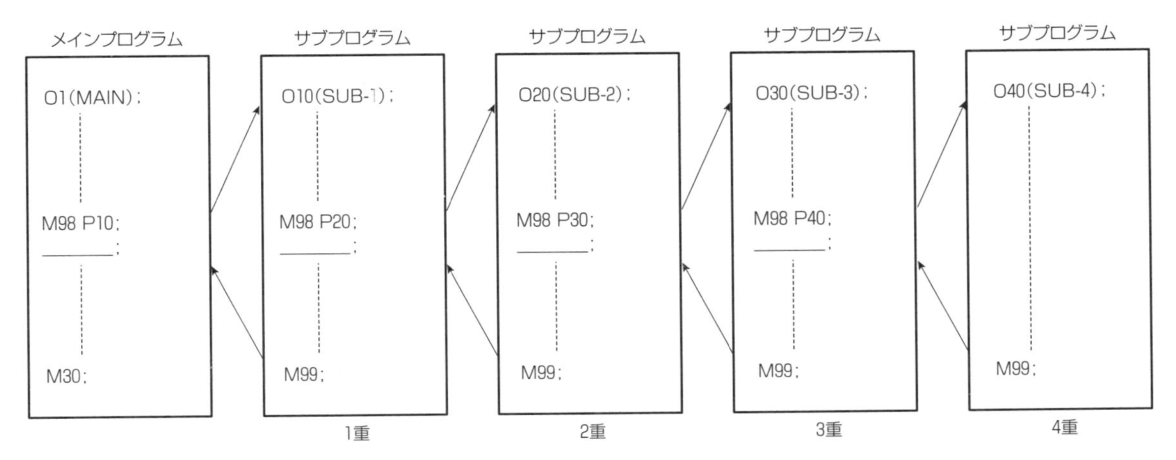

図2-27　サブプログラム四重の呼出し

があり，基本になるプログラムを**メインプログラム**，メインプログラムによって呼び出されて実行するプログラムを**サブプログラム**という(**図 2-26**).

①メインプログラム

プログラム番号 O ではじまり，M30 で終了する.

②サブプログラム

プログラム番号 O ではじまり，M99 で終了する.

サブプログラムは親のプログラムから呼び出される子供のプログラムであり，繰返す加工などをサブプログラムにすると便利である.

［フォーマット］

サブプログラム呼出し方法

M98P ____ L ____ ;

M98　：サブプログラム呼出し

P ____ ：サブプログラム番号

(呼び出されるプログラムの

O番号を P で指令する)

L ____ ：繰返し呼び出し回数

・L を省略すると L1 (繰り返し回数は 1 回)となる.

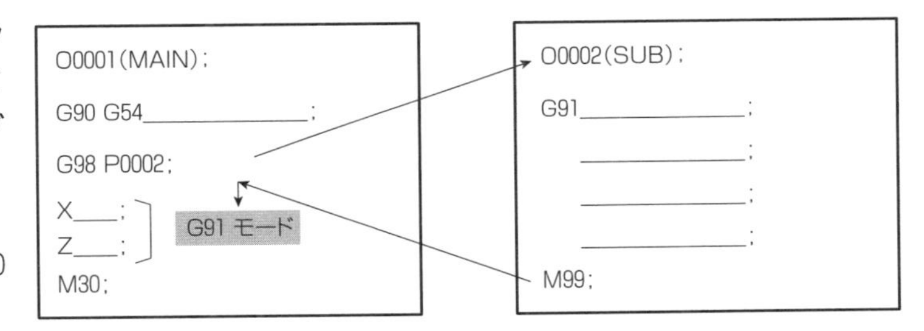

図2-28　モーダル情報

・サブプログラムの終了は M99; を指令する.

(1) サブプログラム呼出しの多重度

サブプログラムからほかのサブプログラムを呼び出すことができる．メインプログラムから呼び出されるサブプログラムを 1 重のサブプログラム呼出しとすると，4 重の呼出しまで行なうことができる(**図 2-27**).
制御装置により多重度が 2 重，10 重のものがある.

(2) サブプログラムの注意事項

モーダル情報の変化に注意する.

メインプログラムからサブプログラムが呼び出される場合，モーダルな G コードはメインプログラム，サブプログラムを通して同じグループの G コードが指令されたとき，変更される．代表的なものが**図 2-28**

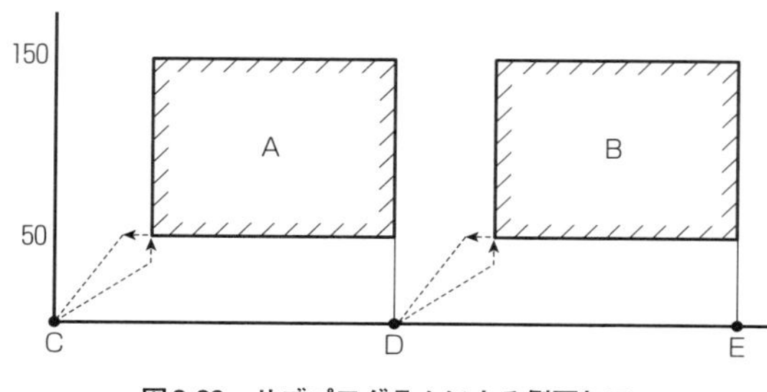

図2-29　サブプログラムによる側面加工

の G90, G91 である. サブプログラムで G91 が指令されるとサブプログラムから戻ったメインプログラムも G91 になる.

5-2 サブプログラム例

ここでは**図 2-29** に示す加工を通してサブプログラムを具体的に説明する. これは前節の側面加工（図 2-22, p.37）を A,B と 2 つ並べたものである（**図 2-29**）.

いままでのように, メインプログラムでつくると次のようになる. 説明のためオフセットモードで移動するところを G91 にする.

```
O 321 ;
G90 G54 G00 X0 Y0 S2000 M3 ;
Z100.0 ;
Z0;
G01 Z－10.0 F500 ;
G91 G41 G00 X50.0 Y30.0 D1 ;  ┐
G01 Y120.0 F1000 ;             │
X150.0 ;                       │ 加工部A
Y-100.0 ;                      │
X-170.0 ;                      │
G40 G00 X-30.0 Y-50.0 ;        ┘
G90 X200.0 ;
G91 G41 G00 X50.0 Y30.0 D1 ;  ┐
G01 Y120.0 F1000 ;             │
X150.0 ;                       │ 加工部B
Y-100.0 ;                      │
X-170.0 ;                      │
G40 G00 X-30.0 Y-50.0 ;        ┘
G90 Z100.0 ;
X0 Y0 M5 ;
M30 ;
```

ひと口メモ　**モーダル modal**　これまでいくつかのGコードが取り上げられたが, 大別すると**ワンショット**のGコードと**モーダル**なGコードという2種類になる. ワンショットのGコードは, 指令されたブロックでのみ有効であり, グループ 00 に属する. ドウェルの G04（➡p.47）, 原点復帰指令の G28 はこれに属する. モーダルなGコードは, グループ 01 から 17 まであり, 同じグループのほかのGコードが指令されるまでそのGコードが有効である.

G00 ～ G03 の 4 つは 01 グループ, G90・G91 は 03 グループに属する. あるプログラムで, たとえば G90, G00 が指令されたら, G91 や G01, G02, G03 が指令されるまで G90, G00 が有効であること, これがモーダルな G コードの特徴である.

モーダル, 英語の modal はモード, mode（様式・方式）に由来する言葉で,「様式の」「方式の」と訳される. NC 加工では, アブソリュート指令方式とインクレメンタル指令方式, とか, 直線補間と円弧補間, 時計回りと反時計回りなど加工や運動に関わる方式, 様式, 要素などがあり, NC プログラムでは準備機能の G コードとしてまとめられている. NC 加工でいえば, たとえば NC プログラムが, ある一定範囲において G90 モードが持続する状況があり, この状態に対して,「G90 モードの」という意味で modal という語が使われる.

加工部A,Bのプログラムは同じである．これをサブプログラムにするとメインプログラムとサブプログラムは次のようになる．

```
O 322 (MAIN) ;
G90 G54 G00 X0 Y0 S2000 M3 ;
Z100.0 ;
Z0 ;
G01 Z-10.0 F500 ;
M98 P323 ;        加工部A
G90 X200.0 ;
M98 P323 ;        加工部B
G90 Z100.0 ;
X0 Y0 M5 ;
M30 ;
```

```
O 323 (SUB) ;
G91 G41 G00 X50.0 Y30.0 D1 ;
G01 Y120.0 F1000 ;
X150.0 ;
Y-100.0 ;
X-170.0 ;
G40 G00 X-30.0 Y-50.0 ;
M99 ;
```

さらに工夫を加えて，サブプログラムの G40 G00 X-30.0 Y-50.0 ; の後ろに X200.0 ; を追加すると，繰返しの指令 L を使ってメインプログラムを次のように短くすることができる．

```
O 324 (MAIN) ;
G90 G54 G00 X0 Y0 S2000 M3 ;
Z100.0 ;
Z0 ;
G01 Z-10.0 F500 ;
M98 P323 L2;
G90 Z100.0 ;
X0 Y0 M5 ;
M30 ;
```

メインプログラムの M30 を M99 に変更することによりサブプログラムにすることができる．そして別に用意したメインプログラムからこのサブプログラムを呼び出す．後述するマシニングセンタ作業で例を示す．

練習問題　第8題 (p.147) ～第9題 (p.149)　に取り組む．

6　固定サイクル

6-1 固定サイクルとは

ドリルによる穴あけ，タップによるめねじ加工，ボーリングバーによる中ぐりなど，通常は数ブロックで指令する穴加工の動作を1つのブロックで指令する機能を**固定サイクル**という．固定サイクルは，**穴あけ機能**

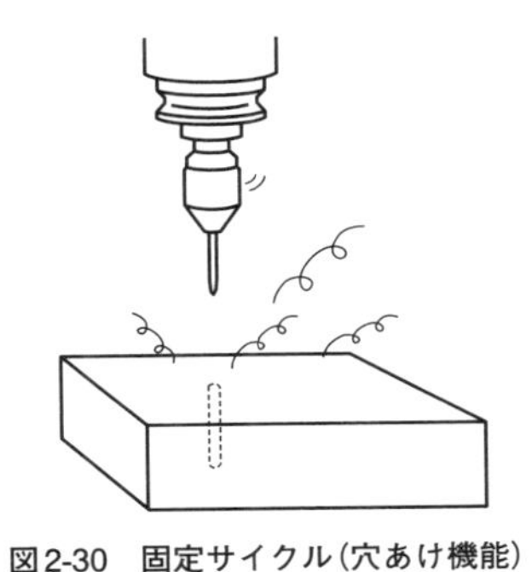
図2-30　固定サイクル(穴あけ機能)

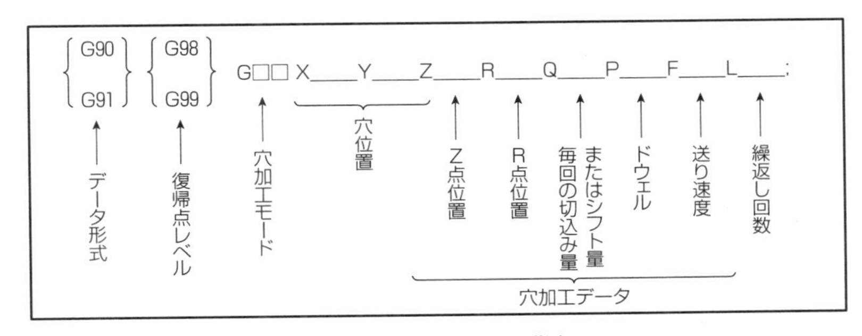

図2-31　固定サイクルの指令

とも呼ばれる(**図2-30**). 一度指令すると, その後は穴位置のみ指令して連続的に穴加工を行なうことができる.

(1) 指令方法

固定サイクルは, 次のように指令する(**図2-31**).

G □□　穴加工モード
工具・加工法によって指示する.
代表的なコマンドを次に挙げる.

G81：　センタもみ
G82：　面取り
G83：　深穴あけサイクル(図2-38参照)
G73：　深穴あけサイクル(図2-39参照)
G84：　タップ加工(リジッドタップを含む)
G86：　荒ボーリング
G76：　仕上げボーリング
G80は固定サイクルをキャンセルする指令である.

G98/G99 復帰点レベル(**図2-32**)
穴の加工後に戻る高さを指示する

G98：　イニシャル点復帰
G99：　R点復帰

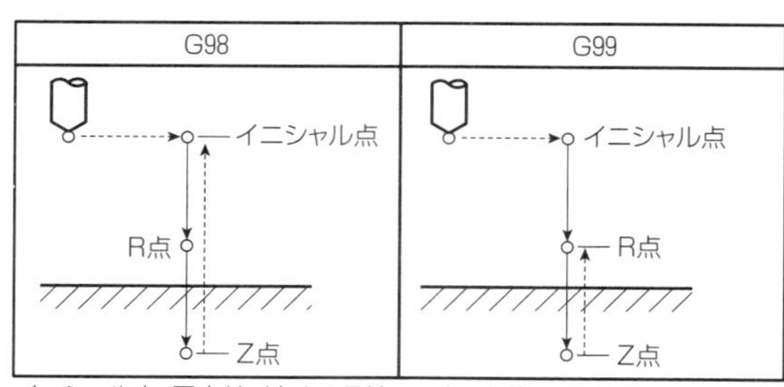

図2-32　復帰点レベル

(2) 動　作

一般に固定サイクルは, 次の6つの動作のシーケンスからなっている(**図2-33**).

動作1…X, Y軸の位置決め
動作2…R点までの早送り
動作3…穴加工
動作4…穴底位置における動作
動作5…R点までの逃げ
動作6…イニシャル点までの早送り

6-2 プログラム例

具体的なプログラムを通して固定サイクルによる穴あけ加工を説明する.

はじめに最も簡単な穴あけサイクル G81 を使って4個の穴を加工する例, もうひとつは繰返し機能を使って2列, 8個の穴を簡単に指令したプロラムの例を示す.

［プログラム例1］

固定サイクル G81 は**図2-34**のように動作する.

位置決めしたら, イニシャル点から早送りでR点まで下がり, ここから指定された切削送りで穴底Z点まで下降する. 穴底からの戻りは, G98 を指定されていればイニシャル点まで, G99 を指定されていたらR点に, 早送りで上昇する.

この G81 を使って**図2-35**に示す4個の穴を加工するプログラム例を示す.

```
O 331 ;
G90 G54 G00 X0 Y0 S1000 M3 ;
Z100.0 ;                                  イニシャル点
G98 G81 X50.0 Y25.0 R5.0 Z-10.0 F1000 ;
X-50.0 ;                     この間のX, Yで穴あけを行なう
Y-25.0 ;
X50.0 ;
G80 X0 Y0 M5 ;                      固定サイクルキャンセル
M30 ;
```

G98 を指令しているのでイニシャル点の高さ 100 に戻ってから次の穴に移動する．この場合イニシャル点から R 点までの動きが少しむだになる．G80 のブロックは，固定サイクルのキャンセルであり，穴あけを行なわない．

固定サイクルモード中の X,Y の位置決めは早送りで行なわれる．

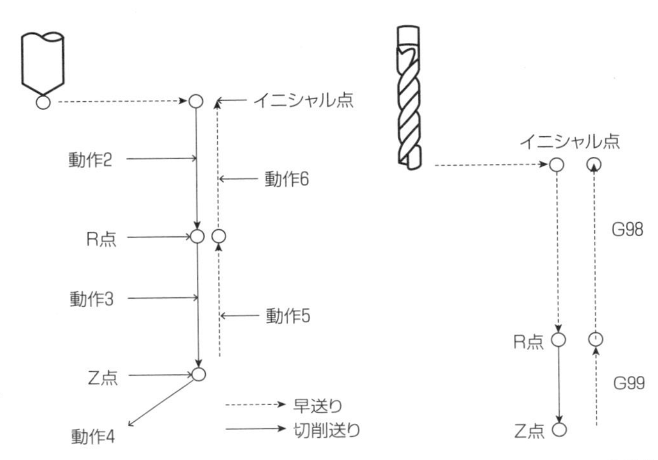

図2-33　シーケンス動作　　図2-34　固定サイクルG81の動作

［プログラム例 2］

Z 軸スタートは工作物上面 100mm，切込み深さ 20mm，繰返し回数 L を使用したプログラムとする．穴あけサイクルは前例と同じ G81 を使う（**図 2-36**）．

```
O 0332 ;
G90 G54 G00 X0 Y0 S1000 M3 ;
Z100.0 ;
G99 G81 Y40.0 R5.0 Z-10.0 F1000 L0 ;
G91 X40.0 L4 ;
G90 X0 Y90.0 L0 ;
G91 X40.0 L3 ;
G98 X40.0 ;
G90 G80 X0 Y0 M05 ;
M30 ;
```

① L0 を指令すると，復帰点レベル，穴加工モード，穴加工データ（Z，P，Q，F）を記憶するだけで穴加工の動作を行なわず，位置決めのみ実行する．穴位置データ（X，Y）と同一ブロックに L0 がある場合も同様．

②上記の例では，穴位置が等ピッチであるため，繰返し回数指定 L が使用できる．ただし INC で指令しないと等ピッチ加工を行なわない．

③繰返し回数 L は指令したブロックのみ有効である．

④上記の例では穴加工モード，穴加工データに ABS を使用し，穴位置に INC を用いた ABS と INC 併用例となっている．

⑤復帰点レベルも G98，G99 併用例となっている．途中での穴加工後の戻り高さは R 点であるが，最後の穴（160,90）を加工した後はイニシャル点高さ 100 に戻る．

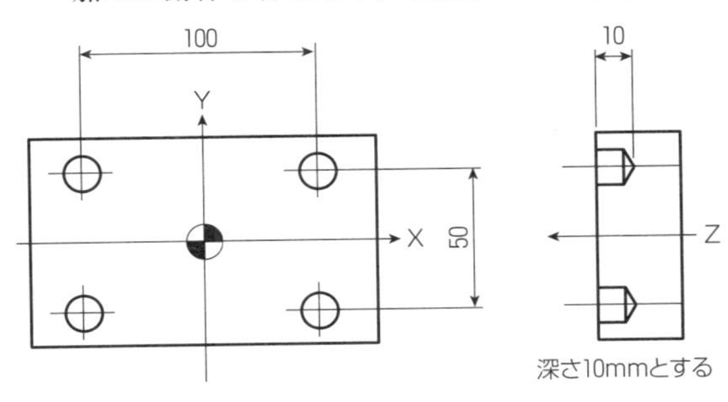

図2-35　4個の穴加工

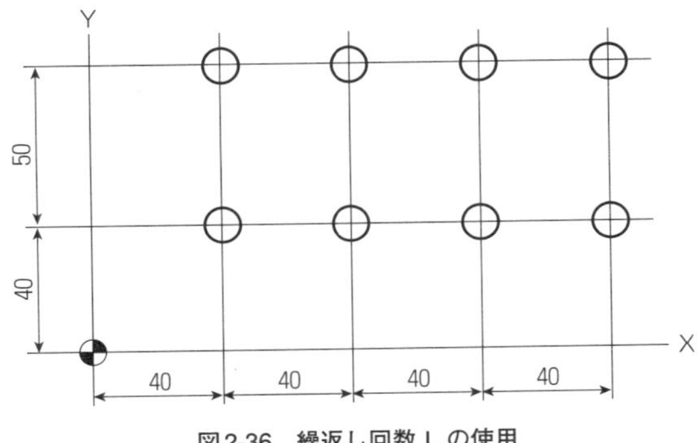

図2-36　繰返し回数 L の使用

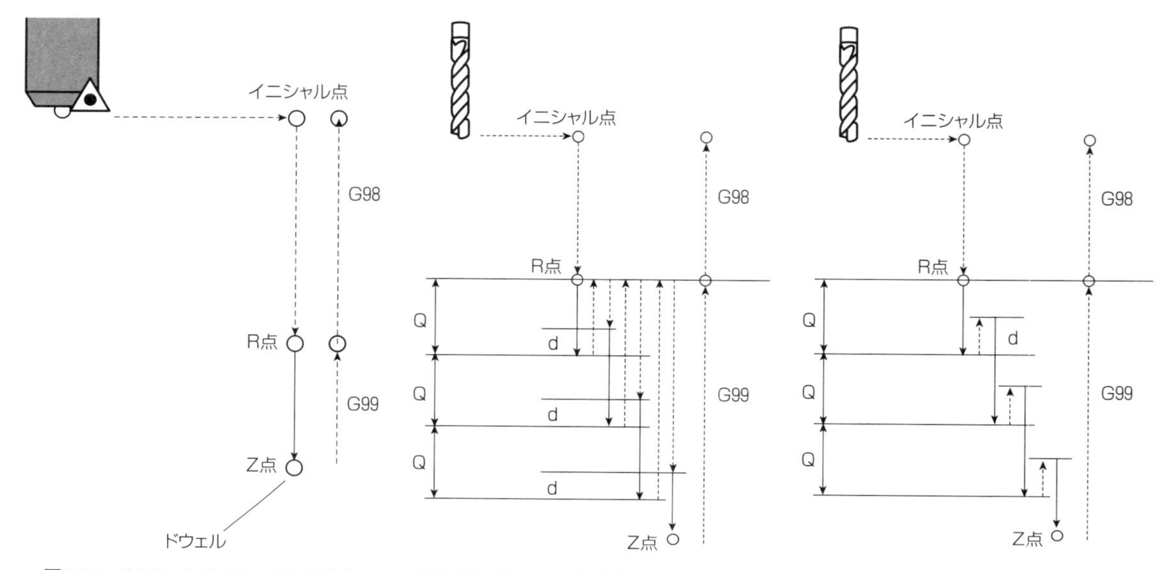

図2-37　ドリルサイクル G82 の動作　**図2-38　深穴あけサイクル G83 の動作**　**図2-39　深穴あけサイクル G73 の動作**

6-3 面取りと深穴あけサイクル

ここでは面取りや座ぐりに使われるドリルサイクル G82 と深い穴の加工に使われる 2 種類の深穴あけサイクル，G83 と G73 について説明する．

(1) ドリルサイクル G82

この固定サイクルは前項のプログラム例 1 の G81 とほとんど同じである(**図 2-37**)．違いは穴底で**ドウェル**(**dwell**：一時停止)することである．穴底でドウェルを行なうので面取りの面がきれいになり，止まり穴の場合，深さの精度が向上する．

［指令フォーマット］

$\begin{Bmatrix} \text{G98} \\ \text{G99} \end{Bmatrix}$ G82 X__Y__R__Z__P__F__;

アドレス P で停止時間を指定する．1 秒間の停止は P1000 と指令する．ドウェル時間は次の式から算出する．

$$\text{ドウェル量(s)} = \frac{60}{N} \cdot n\ \text{回転}$$

N：主軸回転速度(min^{-1})
n：回転数(min)

主軸回転速度 N =300，回転数 n =3 とすると

$\text{P} = 60/N \times n \times 1000$

$= 60/300 \times 3 \times 1000 = 600$

P600 は 0.6 秒のドウェル時間を意味する．

(2) 深穴あけサイクル G83

G83 はドリルによる深穴の加工に使う．

［指令フォーマット］

$\begin{Bmatrix} \text{G98} \\ \text{G99} \end{Bmatrix}$ G83 X__Y__R__Z__P__F__;

Q は 1 回の切込み量である．1 回の切込みごとに早送りで R 点に戻る．この動きによって切りくずが細かく切断されて排出し，切りくずつまりを防止する．

d は逃げ量で，2 度目以降の切込みはその直前に加工した位置の d mm 手前まで早送りで位置決めする．そこから F で指定された切削送りに切換わる(**図 2-38**)．

dの値はあらかじめ設定されている．NCパラメータにより変更することができる．

(3)深穴あけサイクル G73

G73もドリルによる深穴加工のサイクルである（**図2-39**）．指令フォーマットはG83と同じである．G83より早く能率的に加工できるが，切りくずの排出に注意する必要がある．実際の加工にあたっては，はじめG83のサイクルで加工し，その後G73に変えて問題なく加工できるかどうかを確認することを推奨する．

［指令フォーマット］

```
{G98}
{G99} G73 X__Y__R__Z__Q__F__;
```

Qは1回の切込み量，dは逃げ量である． Qで切込み，dで逃げることによって切りくずが切断して排出される．

dはあらかじめ設定されているが，切りくずがつながる場合は切断するように設定値を変更する（NCパラメータの変更）．

O 331のプログラムにおいて穴の深さを50mmと深く加工した例を示す．

```
O 333;
G90 G54 G00 X0 Y0 S1000 M3;
Z100.0;
G99 G73 X50.0 Y25.0 R5.0 Z-50.0 Q2.5 F1000;
X-50.0;
Y-25.0;
G98 X50.0;
G80 X0 Y0 M5;
M30;
```

G99の指令により3か所まではR点復帰し，G98により最後の穴加工後にイニシャル点のZ高さ100に戻る．

6-4 タッピングサイクル G54 とリジッドタップ

通常めねじ加工の機能を有するNCフライス盤は少ないが，その延長線上にあるマシニングセンタではめねじ加工を行なう．ここではタッパを使った従来型の加工法と高速加工ができるリジッドタップを紹介する．

(1)タッピングサイクルG84

主軸を正回転させて切込み，穴底で逆転して逃げるねじ加工のサイクルである．**写真2-5**のタッパを使って加工する．フロート機能により高速加工には不向きである．

［指令フォーマット］

```
{G98}
{G99} G84 X__Y__R__Z__P__F__;
```

R点の位置は工作物の上面から5～7mm以上とする．G84を指令する前に，M3により主軸が正回転していることが必要である．Z点に達すると主軸が逆転し，R点に戻るとM3により正回転に変わる（**図2-40**）．

タッピングの送り速度は次のようになる．

$$F\,(\mathrm{mm/min}) = 主軸回転速度\,(\mathrm{min}^{-1}) \times ねじのピッチ\,(\mathrm{mm})$$

送り速度オーバライドと主軸回転速度はオーバライ

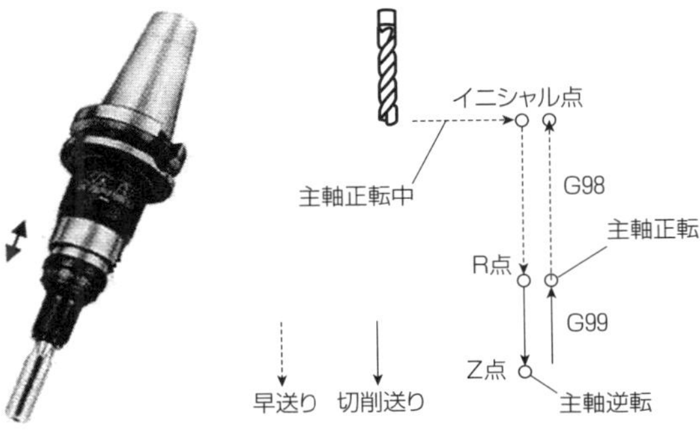

写真2-5 タッパ　**図2-40** タッピングサイクル G84 の動作

ドダイヤルが100%以外になっていても，100%に固定される．

(2) リジッドタッピング

これはリジッドタッピングの機能を有するNC機であることが必要である．主軸回転速度と切削送り速度を同期制御して加工を行なう．タッパを使用せずにコレットチャックホルダ(**写真2-6**)などでタップ加工ができる(**図2-41**)．

指令フォーマットはNC装置によって違いがある．次のプログラムはファナック製ロボドリルの例である．本節，(2)の［プログラム例1］の図2-35 (p.43)において，穴をM6-1めねじ深さ12mmとしたときのめねじ加工のプログラム例を示す．

```
O 334；
G90 G54 G00 X0 Y0 S1000 M3；
Z100.0；
/M8；
M29；
G99 G84 X50.0 Y25.0 R5.0 Z-12.0 F1000；
X-50.0；
Y-25.0；
G98 X50.0；
G80 X0 Y0；
M9；
M5；
M30；
```

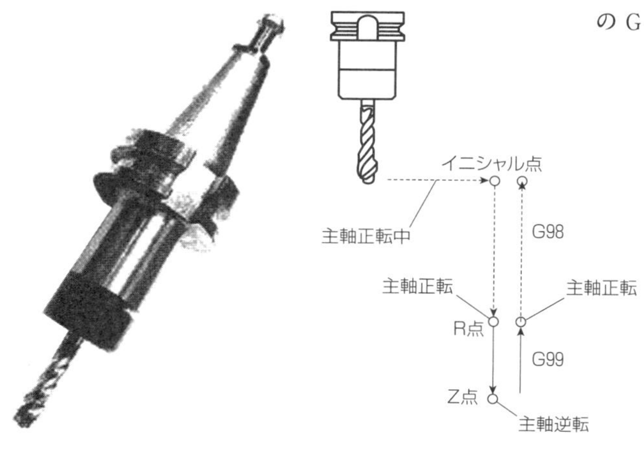

写真2-6　コレットチャックホルダ　**図2-41　リジッドタッピングの動作**

M29はリジッドタップの指令である．

M8はクーラント「ON」，M9はクーラント「OFF」の指令である．

練習問題　第10題(p.151)～第12題(p.155)　に取り組む．

Gコード一覧表

Gコード一覧表に載っていないGコード，または対応するオプションの付いていないGコードを指令すると，アラームになる．

Gコードには次の2種類がある．

ワンショットのGコード

p.47のGコード一覧表において，00グループのGコード．指令されたブロックでのみ有効．

モーダルなGコード

00グループ以外のGコード．同じグループのほかのGコードが指令されるまでそのGコードが有効．

・ワンショットとモーダルの実例

```
O0001;
[G91] [G00] X10.0 F100；
[G04] P10000；  ……このブロックのみG04が有効

Y50.0；          ┐ モーダルなGコード，
Z-100.0；        ┘ G91とG00の状態で移動
[G01] X100.0 F100；┐
X20.0 Y-60.0；     │ モーダルなGコード，
X50.0 Y-70.0；     ┘ G91とG01の状態で移動
```

Gコード一覧表

	グループ	意味
G00	01	位置決め
G01	01	直線補間
G02	01	円弧補間/ヘリカル補間 CW
G03	01	円弧補間/ヘリカル補間 CCW
G04	00	ドウェル
G05	00	高速サイクル加工
G09	00	イグザクトストップ
G10	00	データ設定
G11	00	データ設定モードキャンセル
G15	17	極座標指令キャンセル
G16	17	極座標指令
G17	02	XY平面
G18	02	ZX平面
G19	02	YZ平面
G20	06	インチ入力
G21	06	メトリック入力
G22	04	ストアードストロークチェックオン
G23	04	ストアードストロークチェックオフ
G27	00	リファレンス点復帰チェック
G28	00	リファレンス点復帰
G29	00	リファレンス点からの復帰
G30	00	第2(第3, 第4)リファレンス点復帰
G31	00	スキップ機能
G33	01	ねじ切り
G39	00	コーナオフセット円弧補間
G40	07	工具径補正 キャンセル
G41	07	工具径補正 左
G42	07	工具径補正 右
G43	08	工具長補正 +
G44	08	工具長補正 −
G45	00	工具位置オフセット 伸張
G46	00	工具位置オフセット 縮小
G47	00	工具位置オフセット 2倍伸張
G48	00	工具位置オフセット 2倍縮小
G49	08	工具長補正キャンセル
G50	11	スケーリングキャンセル
G51	11	スケーリング
G52	00	ローカル座標系設定
G53	00	機械座標系選択(先読み禁止のGコード)

	グループ	意味
G54.1	14	追加ワーク座標系選択
G54	14	ワーク座標系1 選択
G55	14	ワーク座標系2 選択
G56	14	ワーク座標系3 選択
G57	14	ワーク座標系4 選択
G58	14	ワーク座標系5 選択
G59	14	ワーク座標系6 選択
G60	00	一方向位置決め
G61	15	イグザクトストップモード
G62	15	自動コーナオーバライドモード
G63	15	タッピングモード
G64	15	切削モード
G65	00	マクロ呼出
G66	12	マクロモーダル呼出
G67	12	マクロモーダル呼出キャンセル
G68	16	座標回転
G69	16	座標回転キャンセル
G73	09	ペックドリリングサイクル
G74	09	逆タッピングサイクル
G76	09	ファインボーリングサイクル
G80	09	固定サイクルキャンセル
G81	09	ドリルサイクル
G82	09	カンターボーリング
G83	09	ペックドリリングサイクル
G84	09	タッピングサイクル
G85	09	ボーリングサイクル
G86	09	ボーリングサイクル
G87	09	バックボーリングサイクル
G88	09	ボーリングサイクル
G89	09	ボーリングサイクル
G90	03	アブソリュート指令
G91	03	インクレメンタル指令
G92	00	ワーク座標系の変更
G94	00	毎分送り
G95	00	毎回転送り
G96	00	周速一定制御
G97	00	周速一定制御キャンセル
G98	00	固定サイクルイニシャルレベル復帰
G99	00	固定サイクルR点レベル

第3章の本旨，キーポイント

この章はNCフライス加工の実践編であり，本書の中心である．「Fuji」と名付けた課題でNCプログラムをつくり実際に加工する．簡単な形状であるが，7種類の工具を使う．ワーク座標系の設定をはじめとして，ABSとINC，直線補間と円弧補間，工具径補正，サブプログラム，固定サイクルと前章のプログラミングで習ったことを実戦的に応用する．

NCフライス加工については本文にくわしく記述した．NCプログラムの原点を機上の工作物に設定し，プログラム登録，工具取付け，切削と一連の作業は神経を使い，根気を要する．正面フライスによる平面削りで深さ1mmの試し削りができれば，その後の展望も拓ける．

NCフライス盤，マシニングセンタがはじめての場合は，「第5章 機械の運転」を先に読んで手動運転・自動運転を一通り修得しておくことを勧めたい．

第3章

NCフライス加工の実習

3

1　加工課題(Fuji)とNCプログラム

1-1 加工課題と加工手順

「Fuji」と名付けた加工課題(**図3-1**)を通してNCフライス盤で加工するプログラムを説明する.

材質はアルミニウム A5052 とし，後にこのFujiを加工する手順を説明する.

(1)工　具

この課題は次の7種類の工具により加工する.

1　正面フライスによる平面削り
2　直径 φ25mm のエンドミルによる外周側面削り
3　直径 φ12mm のエンドミルによるポケット加工
4　センタドリルによるセンタ穴のもみつけ
5　ツイストドリルによる深穴あけ
6　面取り工具による面取り
7　タップによるめねじの加工

「4」～「7」の穴加工では加工の種類に対応した固定サイクルを使用する. 位置決めには同じサブプログラムを使う.

「7」のめねじ加工は主軸回転の正転・逆転が必要であり，普通のNCフライス盤では加工できないが，その機能を有する主軸として扱う. NCプログラムは以上の方針に基づいてつくる.

ところで,「4」～「7」の穴あけのNCプログラムについては,「第5節　穴あけ作業」(p.71)に工具・加工方法とともに説明する.

(2)使用する素材図

前加工された素材は**図3-2**の寸法とする. 図の6面の外形寸法はすでに仕上げられている.

(3)工作物の取付け

工作物は**図3-3**のようにバイスに取付ける.

プログラムに際して使用するワーク座標系はG54とし，その原点は下記の位置にする.

XY平面　　　工作物の中央
Z方向　　　工作物上面

工具はX0 Y0 Z100.0をスタート点とし，加工終了後にスタート点に戻る.

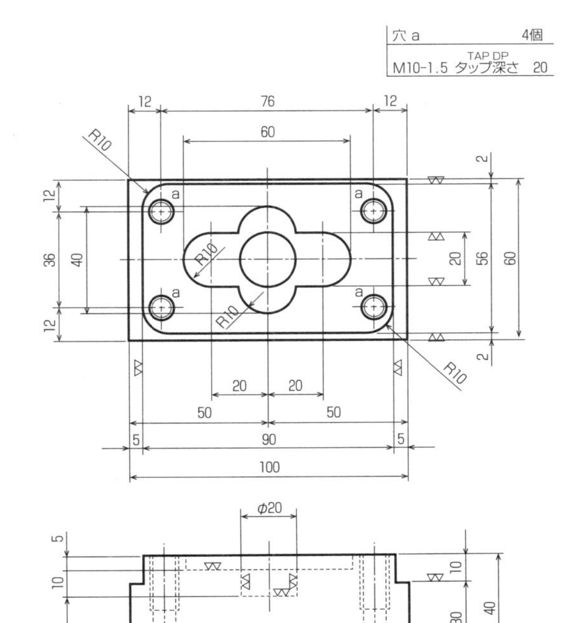

図3-1　加工課題「Fuji」

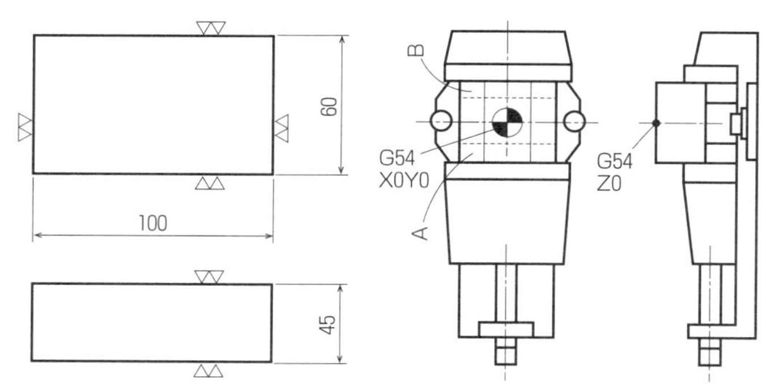

図3-2　素材寸法　　図3-3　バイスと取付けた工作物

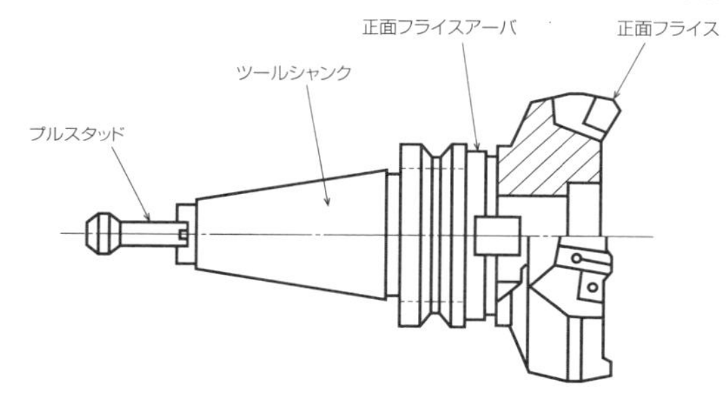

図3-4　正面フライス

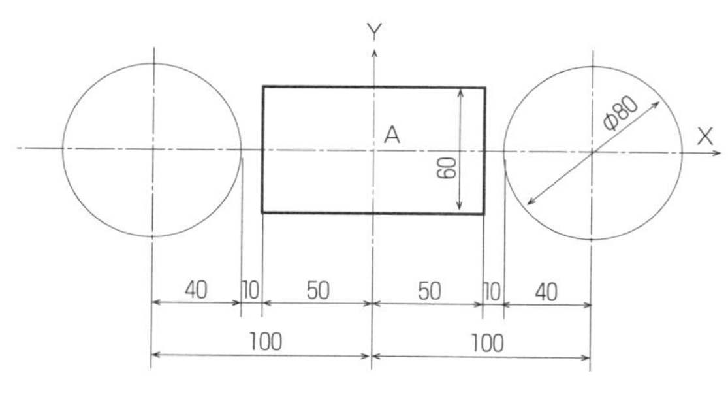

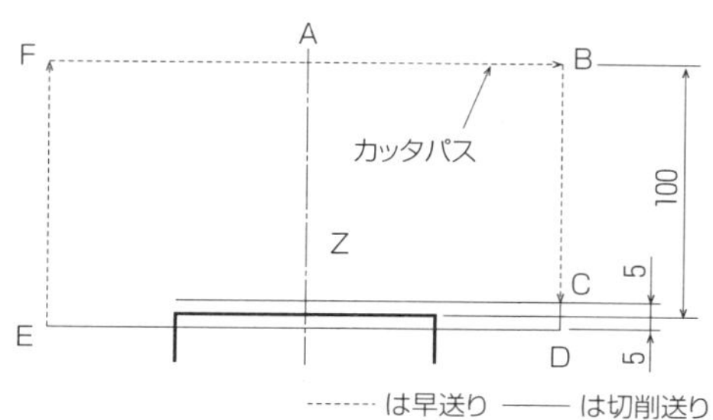

図3-5　工具経路(カッタパス)

1-2 正面フライスによる平面削り

使用工具は直径 ϕ80mm の正面フライスを使う(**図3-4**).

正面フライスを**図3-5**の**工具経路**(**カッタパス**という), A→B→C→D→E→F→A と動かして加工する.

(1)加工条件の検討

はじめに,切削速度から主軸回転速度を算出する.正面フライスの刃先の材種を超硬チップ P10［➡ p.16,(2)］とすると切削速度 V=300m/min になる.

次の式から回転速度 N を計算する.

$$N = \frac{1000V}{\pi D} = \frac{1000 \times 300}{3.14 \times 80} \fallingdotseq 1200$$

主軸回転速度は 1200min^{-1} になる.

NC プログラムではアドレス S を使い,S1200 と指令する.

次に1刃当り送り Sz から送り速度 F を算出する.

切削条件表から Sz= 0.18mm/tooth として,

$F = Sz \times Z \times N = 0.18 \times 3 \times 1200 = 650$

送り速度は 650mm/min,

NC プログラムでは F650 と指令する.

［備考］p.54 **表3-1** に切削条件表を付記

(2)プログラムO211の作成

プログラムは G90 アブソリュートでつくる.

```
O 211;
G90 G54 G00 X0 Y0 S1200 M3;
Z100.0 ;                 A
X100.0;                  B
Z5.0;                    C
G01 Z-5.0 F500;          D 安全のための送り
X-100.0 F650;            E
G00 Z100.0;              F
X0 M5;                   A
```

M30;

ブロックDの G01 Z-5.0 F500; のプログラムは，スタート位置の高さから工具が降下する際，工作物上面 5mm で一旦停止し安全に加工深さに達するように配慮したものである．F500 を F2000 に変更するとか，削除することができる．

このプログラムで加工された上面は，その後のエンドミルによる側面削り，ポケット加工，固定サイクルの加工の基準面になる．

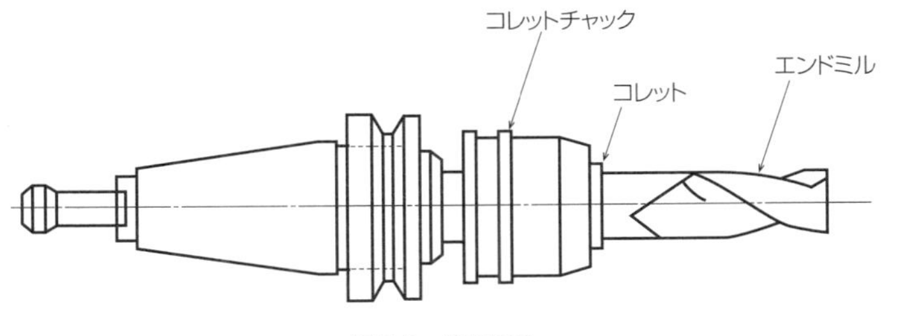

図3-6　使用工具

1-3 エンドミルによる外周側面削り

φ25 の 2 枚刃エンドミルによる外周側面削りのプログラムを作成する．

(1) 使用工具とカッタパス

・φ25 ハイスエンドミル（**図3-6**）

・2枚刃

・工具径補正番号　21

加工箇所は**図3-7** の 90 × 56 の外周部分であり，これを加工するためのカッタパスを**図3-8** に示す．

工具は工作物上面 A からスタートする．A→B と Y 軸マイナス方向に 60mm 移動し，B→C→D で加工高さに達し，D→E で工具径補正のスタートアップ，E→F で反時計回りに工作物にアプローチする．

F→G→H→I→…→N→F と直線補間，円弧補間（➡ p.31，p.32）を繰返しながら加工する．F→P は逃げであり，P→D の間で工具径補正をキャンセルする．

その後 D→B→A とたどってスタート点に戻り，主軸回転を停止する．

・E→F と F→P の動きについて

F 点における食込み防止のためであり，円弧でアプローチし，円弧で離れるように工具を動かす．

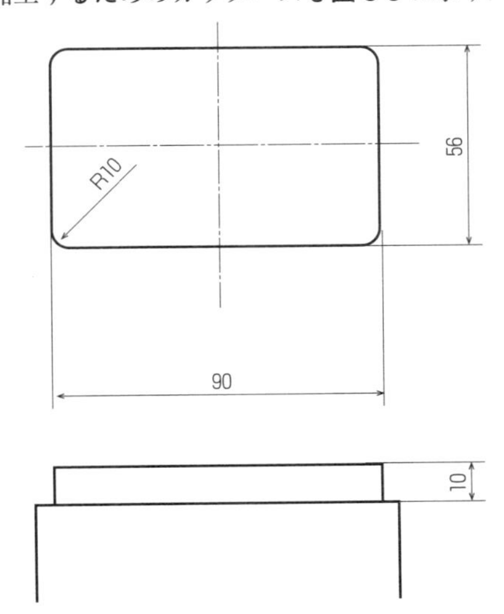

図3-7　工作物の加工箇所

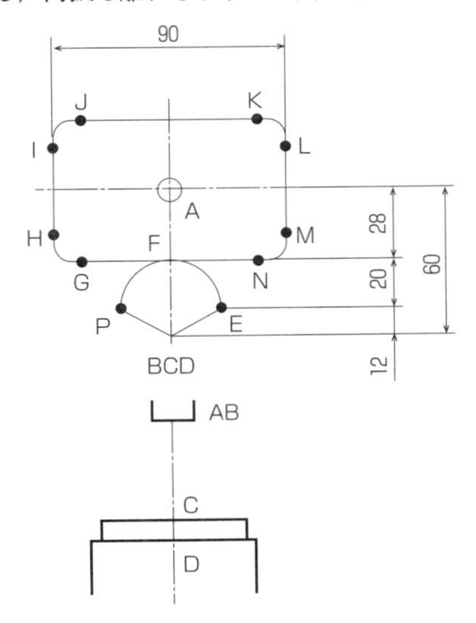

図3-8　外周側面削りのカッタパス

(2) 切削条件の検討

切削速度　$V = 137\text{m/min}$

$$N = \frac{1000\text{V}}{\pi \text{D}} = \frac{1000 \times 137}{3.14 \times 25} \fallingdotseq 1750$$

１刃当り送り $Sz = 0.1\text{mm/tooth}$ から，

$N = Sz \times Z \times N = 0.1 \times 1750 \times 2 = 350\text{mm/min}$

(3) プログラム O221 の作成

プログラムは G90/G91 で作成する．

Z 軸については，正面フライスで加工された上面を新しい基準面として Z0 にする．

```
O 221;
G90 G54 G00 X0 Y0 S1750 M3;
Z100.0 ;                          A
G91 G00 Y-60.0;                   B
Z-95.0;                           C
G01 Z-15.0 F500;                  D
G41 X20.0 Y12.0 D21 F350;         E
G03 X-20.0 Y20.0 I-20.0;          F
G01 X-35.0;                       G
G02 X-10.0 Y10.0 J10.0;           H
G01 Y36.0;                        I
G02 X10.0 Y10.0 I10.0;            J
G01 X70.0;                        K
G02 X10.0 Y-10.0 J-10.0;          L
G01 Y-36.0;                       M
G02 X-10.0 Y-10.0 I-10.0;         N
G01 X-35.0;                       F
G03 X-20.0 Y-20.0 J-20.0;         P
G40 G01 X20.0 Y-12.0;             D
G00 Z110.0;                       B
Y60.0 M5;                         A
M30;
```

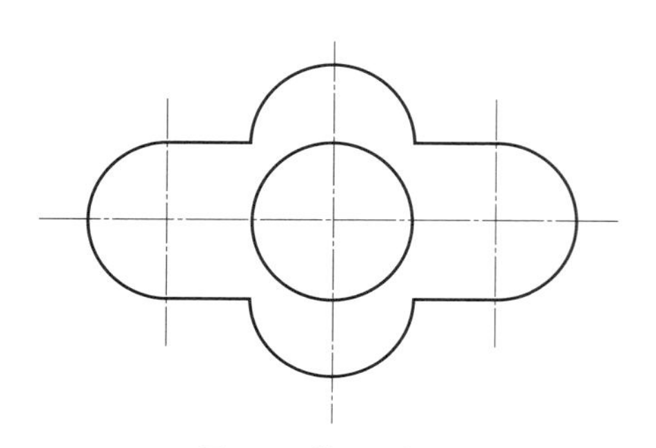

図 3-9　ポケット加工

1-4 エンドミルによるポケット加工

ϕ12 の２枚刃エンドミルによる**真円ポケット CIRCLE** と**十字ポケット CROSS** を加工するプログラムを作成する．

(1) 使用工具

・ϕ12ハイスエンドミル
・2枚刃
・工具径補正番号　22

加工箇所は**図 3-9** の２つのポケットである．

中央の真円ポケットを加工するためのカッタパスを**図 3-10** に示す．

Z 軸については正面フライスで加工された上面を新しい基準面として Z0 にする．

真円加工はスタート点 A から早送りで B 点に行き，切削送りで工作物に切り込む．工具径補正を使って D 点に行き，D → E と円弧で加工する．

E から一周し，E → F と逃げ，F → C の間にオフセットキャンセルし，スタート点 A に戻る．

このようなポケット加工では，切りくずの排出が悪く，切れ刃に溶着するトラブルを起こしやすいのでクーラントを使用する．

十字ポケットの加工は**図 3-11** のようにスタート点 A から工具径補正を使って B 点に行き，C から反時計方向に回って D 点に行く．

その後 E → F → G → H → I → J → K と移動し，K → A でオフセットキャンセルする．

(2) 切削条件の検討

切削速度　$V = 130\text{m/min}$

$$N = \frac{1000V}{\pi D} = \frac{1000 \times 130}{3.14 \times 12} \fallingdotseq 3450\text{min}^{-1}$$

1 刃当り送り Sz= 0.07mm/tooth から，

$F = Sz \times Z \times N = 0.07 \times 3450 \times 2$=480mm/min

(3) プログラム O231 の作成

メインプログラム ○ 231 から真円用サブプログラム ○ 232 と十字用サブプログラム ○ 233 を呼び出す．Z0 は「○ 221 の作成」と同じ．

```
○ 231 (MAIN) ;
G90 G54 G00 X0 Y0 S3450 M3;
Z100.0 ;
/M8;
M98 P232 (CIRCLE) ;
M98 P233 (CROSS) ;
M9;
M5;
M30;

○ 232 (CIRCLE SUB) ;
G91 G00 Z-95.0;
G01 Z-20.0 F100;
G41 X8.0 Y2.0 D22 F480;
G03 X-8.0 Y8.0 I-8.0;
J-10.0;
X-8.0 Y-8.0 J-8.0;
G40 G01 X8.0 Y-2.0;
G00 Z115.0;
M99;

○ 233 (CROSS SUB) ;
G91 G00 Z-95.0;
G01 Z-10.0 F500;
G41 X10.0 Y9.0 D22 F480;
G01 Y1.0;
G03 X-20.0 I-10.0;
G01 X-10.0;
G03 Y-20.0 J-10.0;
G01 X10.0;
G03 X20.0 I10.0;
G01 X10.0;
G03 Y20.0 J10.0;
G01 X-11.0;
G40 X-9.0 Y-10.0;
G00 Z105.0;
M99;
```

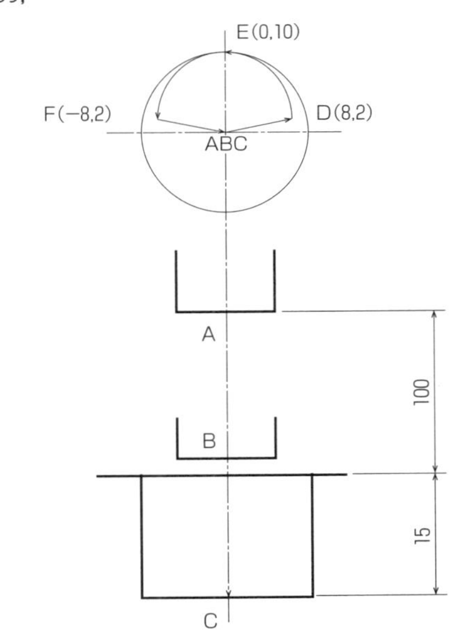

図3-10　真円ポケット加工のカッタパス

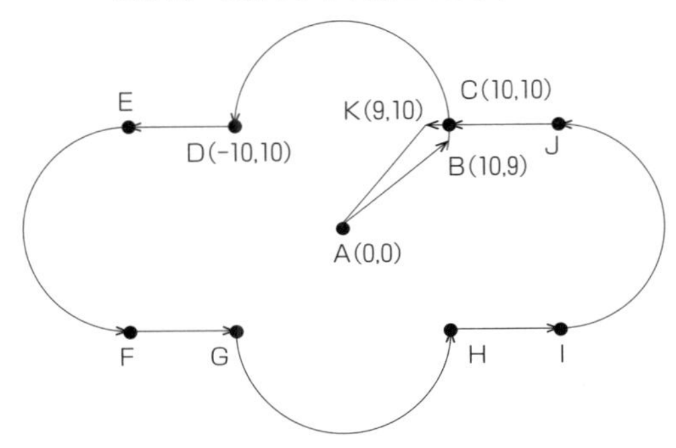

図3-11　十字ポケット加工のカッタパス

表3-1　正面フライスの切削条件

被削材				鋳　鉄		アルミニウム		鋼	
直径	刃　数			回転速度 (min^{-1})	送り速度 (mm/min)	回転速度 (min^{-1})	送り速度 (mm/min)	回転速度 (min^{-1})	送り速度 (mm/min)
	鋳鉄	アルミ	鋼	切削速度 (m/min)	1刃当たり送り (mm/tooth)	切削速度 (m/min)	1刃当たり送り (mm/tooth)	切削速度 (m/min)	1刃当たり送り (mm/tooth)
80	6	3	6	485	496	1200	680	485	445
				122	0.17	302	0.18	122	0.15
100	6	4	6	400	420	1000	760	400	380
				125	0.18	314	0.19	125	0.16
125	8	5	8	325	470	815	810	325	265
				128	0.18	320	0.20	128	0.16
160	10	6	10	260	480	650	795	260	260
				130	0.18	325	0.20	130	0.17

/M8 はプログラムのチェック時にはクーラントを出さず，実際に切削する時点でクーラントを出すようにするプログラムである．

［備考］ 切削条件表の一例として，表 3-1 に正面フライスの場合を示す．

2　加工前の準備

2-1 準備作業

NC フライス加工は，与えられた図面から下記の項目を検討して進められる．

1　どのような工程で加工するか
2　どのように工作物を取付けるか
3　どういう工具を使用するか
4　どのように加工していくか

図 3-12 はこれらの関係をわかりやすく表わしたものである．

工作物，取付具，使用工具，プログラムの準備ができたら実機による加工を行なう．テーブル上に設置したバイスなどの取付具に工作物を取付け，心出し作業を行なって XY 平面の加工原点を出す．次に切削工具を取付けて高さ方向，Z 軸のスタート点を決める．テストランニングのために，たとえば 100mm とか 200mm，さらに離す．工具に対応した NC プログラムを登録し，入力ミスなどをチェックする．

以上の準備が整ったところで，テストランニングでプログラムをチェックする．次に少しテストカットを行なってプログラムに問題がないかをチェックする．それから仕上加工の取りしろを残して加工する．加工状況を観察し，最良の加工ができるように修正する．すべてのチェックと修正を行なって，はじめて連続運転による加工が行われる．

ここでは，課題「Fuji」を題材にして，使用工具ごとに実際に加工していく手順を説明する．課題図 Fuji と加工素材の図面をもう一度確認してほしい（図 3-1 p.49，図 3-2 p.50）．

2-2 バイスの通り出しと工作物の取付け

(1) バイスの基準面

バイスは使いやすく短時間で工作物を段取りすることができる取付具である（**図 3-13**）．バイスには，工作物の位置決めのための基準が設けられており，この位置決め基準に工作物を押当てて締付けることによって決められた位置に工作物を取付けることができる．

バイスでは，固定口金と底面が位置決めの基準である．バイスを機械のテーブルに取付けるためには，バイスの底面を清掃する．また，底面に打痕などがないかを調べ，あればオイルストーンで擦り落とす．それ

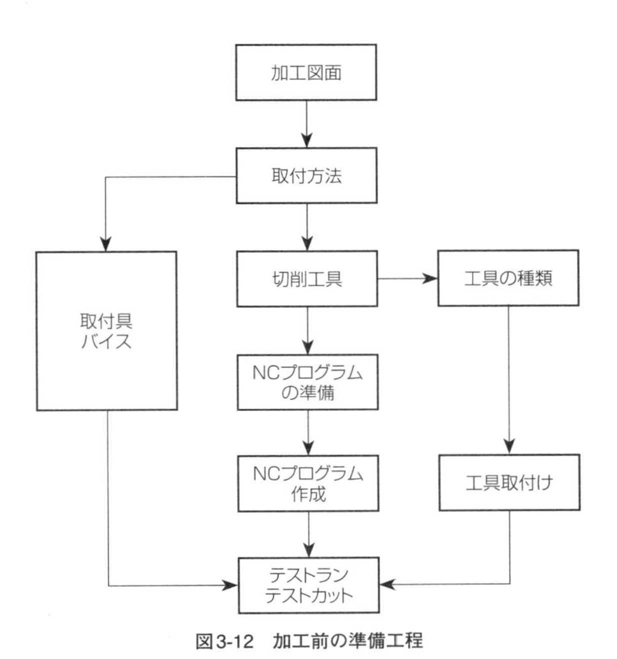

図3-12　加工前の準備工程

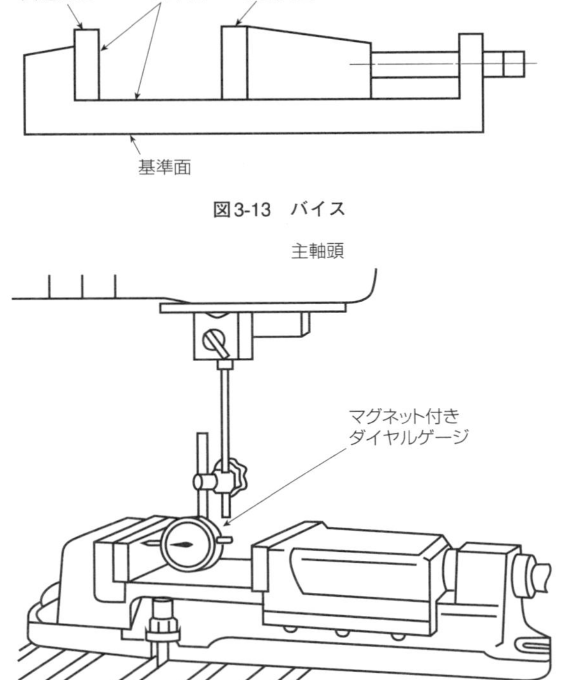

図3-13　バイス

図3-14　固定金口の通り出し

から通り出しを行なう.

(2) **通り出し**

バイスの基準面が軸移動に対して平行になるように取付け位置を調整することを**通り出し**という.

図3-14のようにバイスをテーブル上に載せて仮締めし, 固定口金の通り出しを行なう. 主軸側に**ダイヤルインジケータ**を取付け, **測定子**をバイスの固定口金の基準面に軽く当てる. 手動運転のハンドルモードにして, 手動パルス発生器でX軸方向にインジケータを移動し, 基準面の傾き具合を調べる. バイスをプラスチックハンマなどで軽くたたいて傾きをなくし, 最後に強く締付ける. インジケータは1目盛0.01mmのものが使いやすい.

バイスの裏側には平行キーが付けられるようになっている. テーブルのT溝に対応した平行キー2個を付け, T溝に嵌(は)めることによって固定口金がX軸に対して平行になり, 通り出しの作業を容易にする.

(3) **工作物の取付け**

工作物を図3-15のように取付ける.

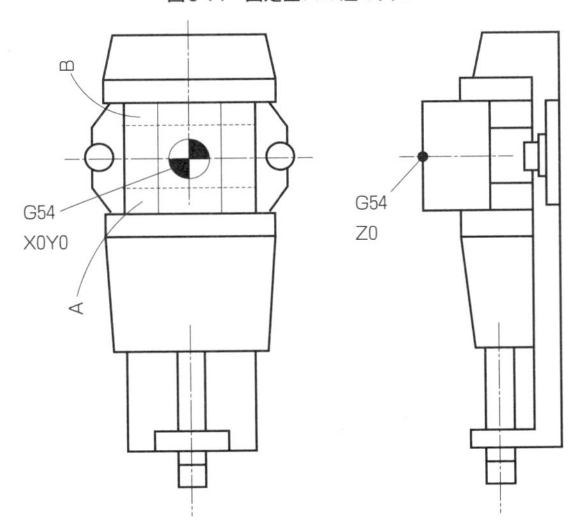

図3-15　バイスと取付けた工作物

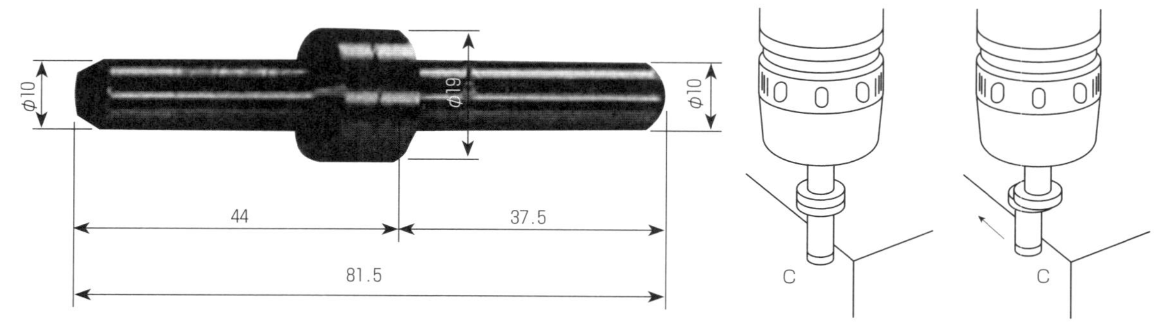

図3-16　アキュセンタ

図3-17　アキュセンタによる心出し

底面と工作物との間に A,B 2 個の**平行台**（**正直台**ともいう）を入れて移動口金を仮締めする．締めると工作物には浮き上がる力が働き，平行台がスルスル動くようになる．工作物の上面を軽くプラスチックハンマでたたいて平行台と密着するようにする．

A,B の平行台のどちらかでもスルスルと動くようであれば密着していないことになる．繰返しても改善しない場合，工作物の直角，平行が出ていない可能性があり，工作物を変えるのもひとつの解決方法である．

密着の度合いを平行台で確認しながら移動口金を増し締めする．

2-3 工作物の心出し

工作物の左右（X 方向），前後（Y 方向）の中央を加工基準にする．ここでは，心出し用道具を使って心出しを行ない，求められた中心点をワーク座標系 G54 に設定する手順を紹介する．

心出しの道具には，ダイヤルインジケータとか接触するとライトが赤く点灯するものなど使いやすいものがたくさん市販されている．ここでは現場でよく使われている**図 3-16** の**アキュセンタ**（大昭和精機製）を使った例を説明する．

このアキュセンタは 500min^{-1} で回転させて，心出しを行なう．

①コレットチャックホルダにアキュセンタを取り付ける．

②コレットチャックホルダを主軸に取り付ける．

③ MDI モードにし，S500M3; をキーインし，サイクルスタートボタンを押して主軸を回転させる．

④アキュセンタを**図 3-17** のように左側から近づける．アキュセンタの回転部 C が工作物に接し，さらに移動すると C の振れがだんだん小さくなる．ある点以上に進むと C 部がスーッと大きくずれる．ここが チェックポイントである．

⑤ソフトキー [相対] を押して**図 3-18** の相対座標画面を表示する．アドレスキー X を押し，ソフトキー [オリジン] を押すと相対座標の X の値が 0.000 になる．

⑥アキュセンタを工作物から一旦離し，もう 1 回近づけて再現性を確かめる．3 ～ 5 回繰返して平均値を求め，これをあらためて 0 にする．

⑦アキュセンタを反対方向の端面に移動し，マイナス方向に接近させる．数回繰返して平均値を求める．仮に 110.366 になったとするとこの半分の値 55.183 が X 方向の中心になる．X 55.183 をキーインし，ソフトキー [プリセット] を押す．**図 3-19** のように相対座標の X 座標が 55.183 と表示される．

⑧アキュセンタを工作物から離し，X 座標が 0 になるまでマイナス方向に移動させる（**図 3-20**）．この操作で X 軸方向の加工基準点が位置決めされる．

Y 軸方向についても「④」～「⑧」までの操作を行い，Y 軸方向の加工基準点を位置決めする．

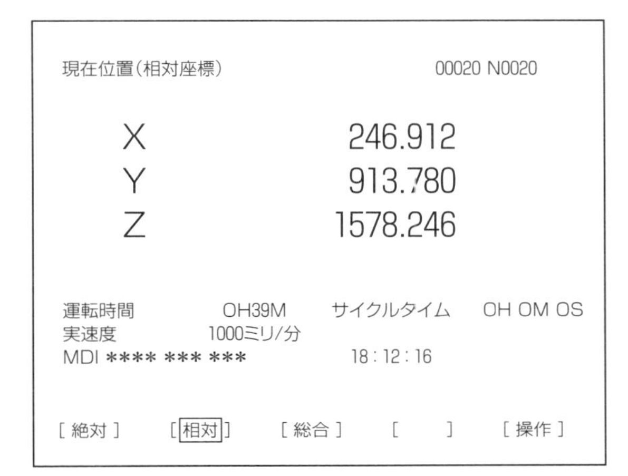

図3-18　相対座標画面

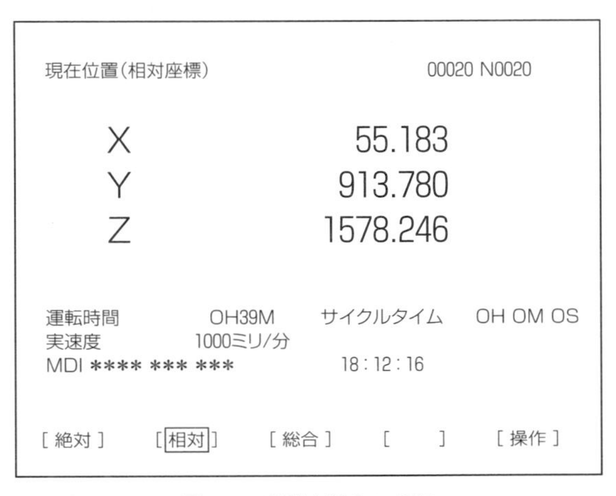

図3-19　相対座標の X 座標

2-4 ワーク座標系の設定

①位置画面でソフトキー [総合] を押して**図 3-21** の総合座標の画面を表示させる.

工作物の中心点の機械座標の値が下記のようであったとする.

X － 534.958

Y － 273.513

これは**図 3-22** のような関係を意味している. この数値を紙に書いておく.

現在位置(相対座標)　00020 N0020

X 0.000

Y 913.780

Z 1578.246

運転時間 OH39M サイクルタイム OH OM OS

実速度 1000ミリ/分

MDI **** *** *** 18 : 12 : 16

[絶対] [相対] [総合] [ ] [操作]

図3-20　加工基準点の位置決め

② NC 操作盤の OFFSET キーを押し, さらにソフトキー [座標系] を押す.

③**図 3-23** のようにカーソルを G54 の X 座標に合わせ, －534.958 とキーインし, INPUT 押す.

④カーソルを Y 座標に合わせ, －273.513 をキーインし INPUT キーを押す.

⑤ POS の総合画面を出して, 絶対座標の X, Y が 0.000 になっていることを確かめる. 0.000 になっていない場合はリセット釦(ぼたん)を押す. この操作によってワーク座標系 G54 の XY の原点が設定される.

現在位置　00123 N0020

(相対座標)		(機械座標)		(絶対座標)	
X	0.000	X	-534.958	X	0.000
Y	0.000	Y	-273.513	Y	0.000
Z	1578.246	Z	0.000	Z	0.000

運転時間 OH39M 加工部品数 26

実速度 1000ミリ/分 サイクルタイム OH OM OS

MDI **** *** *** 18 : 12 : 41

[絶対] [相対] [総合] [ ] [操作]

図3-21　総合座標画面

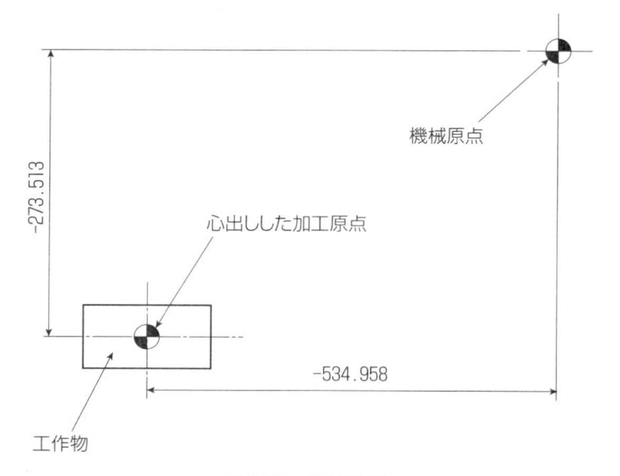

図3-22　機械座標

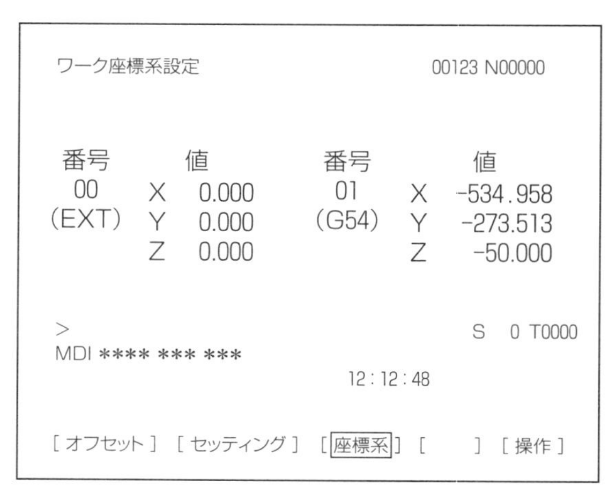

図3-23　ワーク座標系に入力

Z 座標については，使用する工具によって工具長が異なるので別に設定する．加工の種類に合わせて次節以降で説明する．

・G92指令によるワーク座標系の設定方法

ワーク座標系として，これまで説明した G54 ～ G59 のほかに G92 という方法がある．

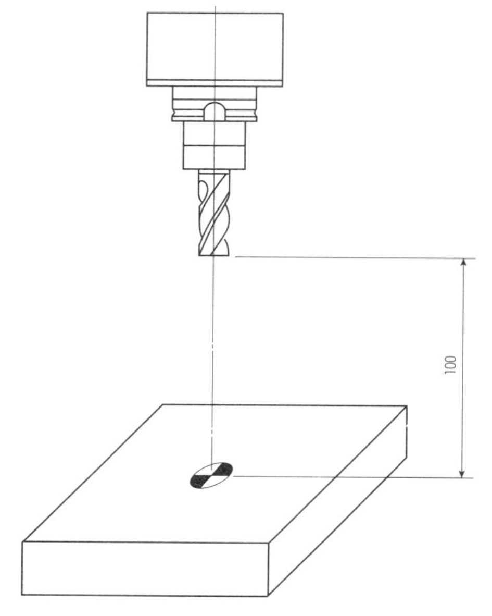

図3-24　G92によるワーク座標系の設定

あらかじめ工具を**図3-24**のようにスタート点に位置決めし，G92 X0 Y0 Z100.0; と指令して実行すると，加工原点が設定される．これ以降にアブソリュートで指令される位置はこのワーク座標系での位置になる．

電源を遮断すると，この加工原点のデータは初期化される．短い時間での加工に使うと便利である．注意点としては，G92 と G54 ～ G59 は一緒に使用しないことである．

3　正面フライスによる平面削り

3-1 工具の選定と主軸への取付け

(1)工具の選定とアーバへの組付け

平面削りの工具には正面フライスと平フライスがあるが，切削能率と仕上面精度がすぐれている**図3-25**の正面フライスがもっとも広く使われている．構造的にはスローアウェイ方式で，切れ刃が摩耗したり欠けたりしたとき切れ刃部分(チップ)を交換する．チップの材種としては超硬母材に硬い被膜をコーテングした超硬チップが一般的である．

今回の工作物の材質はアルミニウム A5052 なのでアルミニウム専用の正面フライスを選定する．アルミニウム用カッタは鋼用と比べると刃数が少なく，すく

図3-25　正面フライスカッタ　　**図3-26　アーバとフライスカッタ**　　**図3-27　BTタイプ**

い角が大きいのが特徴である．工作物の切削幅100mmに対して直径φ80mmで超硬3枚刃のスローアウェイタイプの正面フライスを選定する．NCフライス盤の主軸がNTタイプの場合は正面フライスアーバにフライスカッタを**図3-26**のように取り付ける．主軸がマシニングセンタのBTタイプの場合は**図3-27**のように，HSKタイプでは**写真3-1**のように取り付ける．

(2) 主軸への工具の取付け

手動モードにして工具を取付けやすい位置に主軸を移動する．工具ホルダ，正面フライス**アーバ**には主軸のドライブキーに対応した切欠きがある．この切欠きの位相を主軸のドライブキーの位相に合わせて工具を挿入する．

アンクランプ釦（**図3-28**）を押して主軸内部のクランプ装置をアンクランプにし，工具ホルダの切欠き位置を主軸に合わせて挿入する．再度アンクランプ釦を押してクランプする．

NT主軸ではドローインボルトによって工具を主軸にクランプする．BTシャンクではプルスタッドを主軸内部のクランプ装置が引込み，テーパ部が密着する．HSKシャンクの場合はクランプ装置によりテーパ部と主軸端面部の2面が拘束されBTシャンクより高剛性が得られる．

MDIモードにして次のプログラムを実行すると主軸はXY平面の加工原点に移動する．

```
G90 G54 G00 X0 Y0 ;
```

3-2 Z軸原点とワーク座標系の設定

(1) Z軸原点の設定

NCフライス加工では，工作物の上面を加工原点，プログラムのZ0の位置にする．このZ0設定方法は，**図3-29**において，工具が機械原点の位置にあるときの工具刃先から工作物上面までの距離Aを，ワーク座標系G54のZに入力することによって行なわれる．使用する工具の長さ，工具長を考慮する必要はない．

写真3-1　HSKタイプ

図3-28　アンクランプ釦

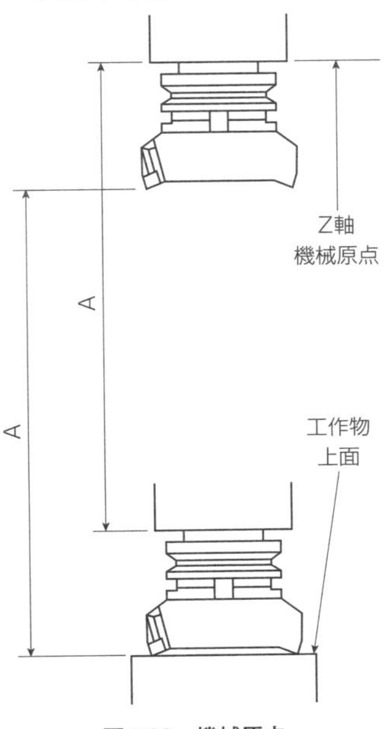

図3-29　機械原点

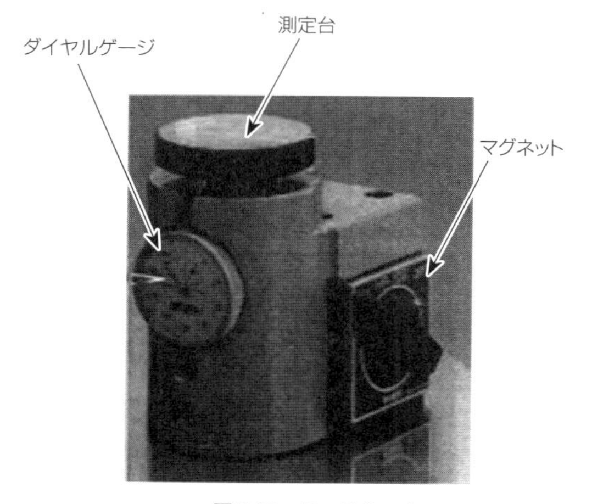

図3-30　ツールセッタ

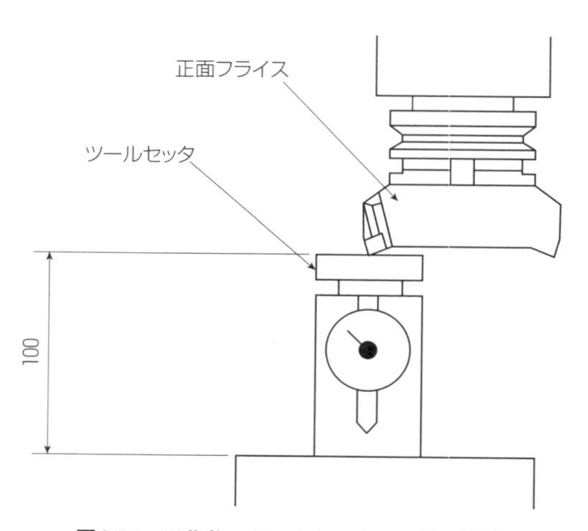

図3-31　工作物・ツールセッタ・工具の関係

このＡの値を求めるために**図3-30**に示す**ツールセッタ**を使用する．ツールセッタは，高さ100mm，50mmになるように精密につくられた基準ゲージである．測定台を押し込んでダイヤルゲージの指針が0点にきたとき高さ100mm，50mmになる．基準ゲージは各種市販されている．ここでは100mmのツールセッタを使用する方法を説明する．

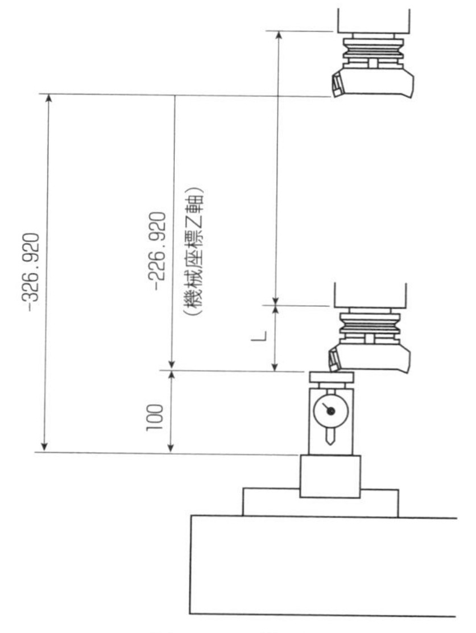

図3-32　Z軸の値

(2) ワーク座標系 G54 のZ設定の手順

①ハンドルモードにする．

②POSキーを押し，さらにソフトキー［総合］を押す．

③手動パルス発生器のＺ軸を選び，ハンドルを回して正面フライスを工作物の方に近づける．

④正面フライスの刃先を測定台に接触させ，赤ランプが点灯後，ダイヤルゲージの指針が0になるまで刃先をＺマイナスの方向に少しずつ動かす．

⑤工作物とツールセッタと工具との関係が**図3-31**のようになったとする．求めようとしているＡの値

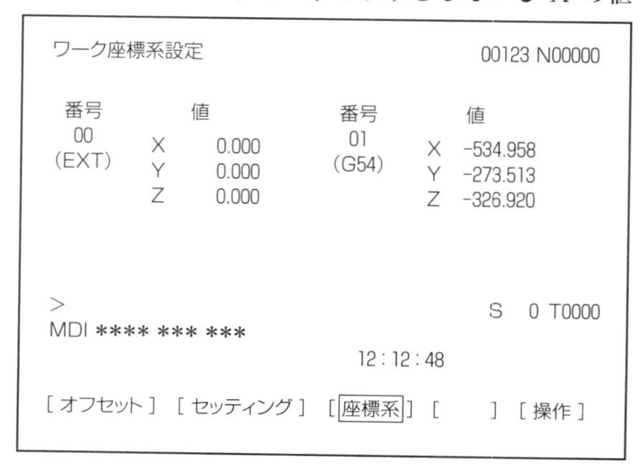

図3-33　ワーク座標系の画面

は次のようになる（**図 3-32**）．

A＝－326.920

⑥ OFFSET キーを押し，ソフトキー［座標系］を押してワーク座標系 G54 を表示させる（**図 3-33**）．

⑦ XY の場合と同様に G54 の Z に －326.920 を入力する．

⑧工具を 100mm ぐらい上方に逃がす．

3-3 加工プログラムの登録

ここでは，「1-2 正面フライスによる平面削り」（p.50）で作成した加工プログラムを NC フライス盤の NC 装置に登録する手順を説明する．

工具の動き（**図 3-34**）とプログラムを再度次に示す．

```
O 211;
G90 G54 G00 X0 Y0 S1200 M3;
Z100.0 ;
X100.0 Y-25.0;
Z5.0 ;
G01 Z-5.0 F500;
X-100.0 F680;
G00Y25.0;
G01X100.0;
G00 Z100.0;
X0Y0 M5;
M30 ;
```

このプログラムは短いものであり，キーボードから直接入力ができる．次のような手順で進む．

①運転モード選択スィッチを「編集」に合わせる．

②プログラムキー PROG を押し，続いてソフトキー［ライブラリ］を押して登録プログラム一覧を表示させる（**図 3-35**）．一覧表のなかにこれから登録しようとしている O211 があるかどうかをチェックする．すでに登録されていたら別のプログラム番号に変えて登録する．同じ番号を入力するとアラームになる．

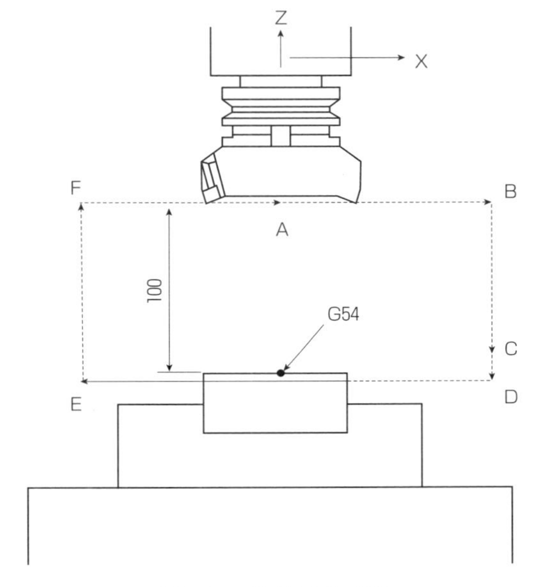

図 3-34　工作物の平面削り

③ソフトキー［PRGRM］を押す．

④ O211 と順にキーを押し，INSERT を押してプログラム番号 O211 を登録する．O211; というようにプログラム番号と EOB（;）を一緒にすると INSERT を押しても登録されない．

⑤ G90 G54 G00 X0 Y0 S1200 M3; とキーインし，INSERT を押してメモリに登録する．押すキーを間

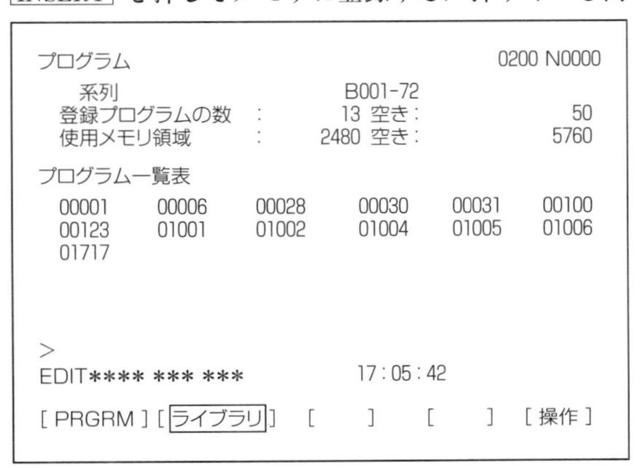

図 3-35　ライブラリ・登録プログラム一覧

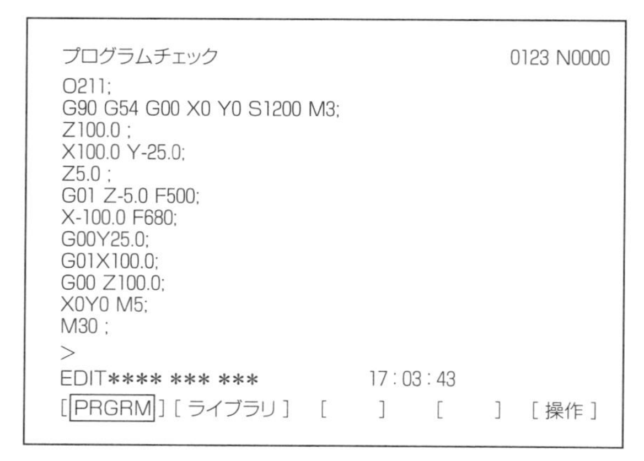

図3-36 入力したプログラム

違えて訂正するときはキャンセルキー CAN を押す．CAN はCANCEL（取消）の意味であり，CAN を押すとバッファのアドレス，数字は一字ずつ後ろから消える．

⑥ INSERT キーを押してメモリに登録されたプログラムは ALTER （オールタ：変更）キーを使って変更したり，DELETE（デリート：削除）のキーを使って削除する．

⑦ EOB (;) を入れると改行する．

⑧プログラムにしたがって順次1ブロックずつ入力する．M30; を入力してプログラムの登録を完了する．

⑨ RESET キーを押すとカーソルはプログラムの先頭 O211 の位置に戻る．

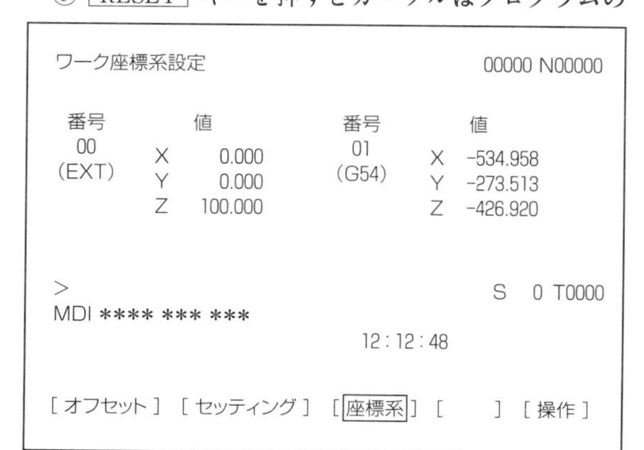

図3-37 ワーク座標系画面 ①

⑩一旦入力したら，登録したプログラムに間違いがないかをチェックする．とくに小数点が抜けていないかを調べる．たとえば Z100.0 としたつもりが Z100 になっていると，これは Z0.1 という意味になる．この場合，プログラムを実行すると工具は工作物上面0.1mmの位置に早送りで移動することになり非常に危険である．

⑪登録したプログラム O211 は**図3-36**のようになる．

3-4 テストランニング

取付具，工作物，工具，プログラムの4つが揃ったらプログラムのチェックのためにテストランニングを行なう．テストランニングは，工具が工作物から十分離れたところで行なう．ここではZ軸方向で100mm離れたところとする．

シングルブロック機能を使って1ブロックずつ進め，早送りオーバライド，切削送りオーバライドも最低にして実行する．プログラムそのものの誤りやプログラムをキーインするときの入力ミス，取付具との干渉などの誤りが考えられるためである．

次にテストランニングの手順を説明する．ワーク座標系の画面を出す．**図3-37**の左上が外部原点オフセットの座標系（EXT）であり，X，Y，Zとも入力した数値だけ座標系がシフトする．外部原点オフセットの座標系のX，Y，Zを次のようにする．

X 0.000
Y 0.000
Z 100.000

Zに100.0を入力すると G54〜G59 のすべてのZ軸の座標系がシフトする．

G90 G54 G00 Z100.0; を実行すると正面フライスの刃先は工作物上面から200mm離れたところに位置決めされる．

①シングルブロック釦を押し，シングルブロック停止を有効にする．

②早送りオーバライドをMIN，切削送りオーバライドを0%にする．

③運転モード選択スイッチを「編集」にし，プログラムO211を呼び出す．

④[RESET]キーを押してカーソルをプログラムの先頭に移動させる．

⑤運転モードを「メモリ」にする．

⑥ソフトキー[チェック]を押して，**図3-38**のようなプログラムチェック画面にし，ソフトキー[絶対]を押して絶対座標で表示する．

⑧右手親指をサイクルスタート釦に，左手親指をフィードホールド釦に当てて，プログラムのスタートを準備する(**図3-39**)．プログラムの各ブロックがどのような動きをするかを考えて，工具と取付具との間に干渉はないかチェックする．

⑨サイクルスタート釦を押すとプログラムがスタートする．

⑩さらにサイクルスタート釦を押して下記のプログラムを実行する．

G90 G54 G00 X0 Y0 S1200 M3；

主軸が1200min^{-1}で起動する．

⑪ Z100.0; を実行．

工作物上面200mmに位置決めする．

⑫ X100.0 Y25.0; を実行．

残移動量がX軸100.000，Y軸25.000と表示される．残移動量を確認し，工具の安全を確かめ，早送りオーバライドを上げる．工具が(100.000,25.000)に移動した後にオーバライドを0%に戻す．

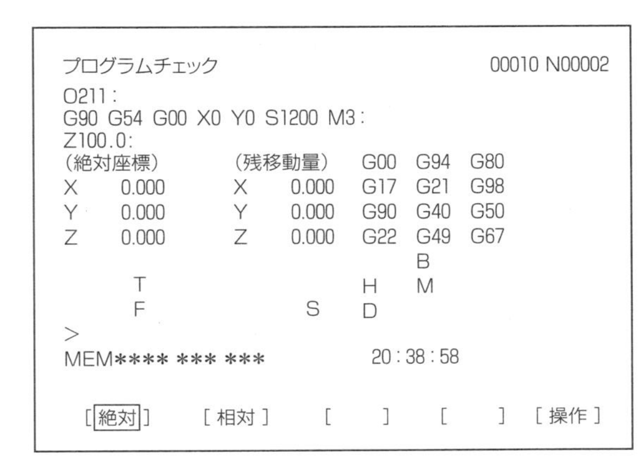

図3-38　プログラムチェック画面

⑬ Z5.0; を実行する．

画面の残移動量をチェックし，オーバライドを上げる．Z5.0に移動後オーバライドを0%に戻す．

⑭ G01 Z-5.0 F500; を実行する．

残移動量が-10.000と表示されるが工具は動かない．**図3-40**の送り速度オーバライドダイヤルを徐々に100%まで回すと工具はマイナス方向に移動し，Z-5.0で停止する．ダイヤルを0%に戻す．

⑮ X-100.0 F680; を実行する．

X軸の残移動量が−200.000と表示される．送り速度オーバライドダイヤルを100%まで徐々に回す．工具はX軸のマイナス方向に移動し，−100.0で停止する．ダイヤルを0%に戻す．

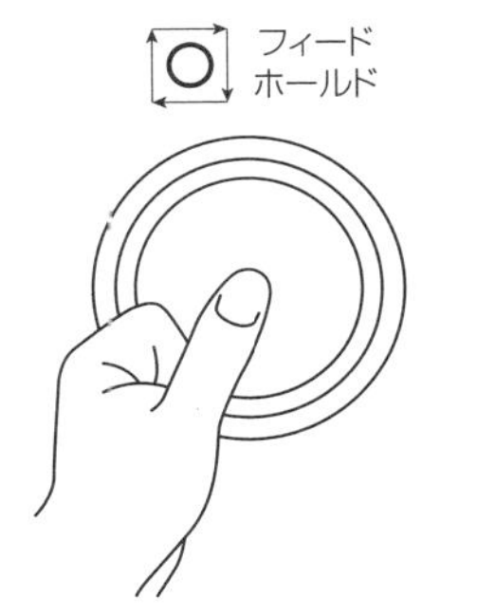

図3-39　サイクルスタート＆フィードホールド釦

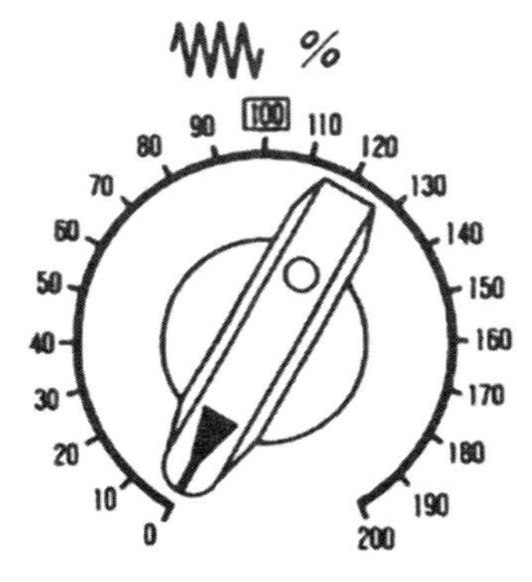

図3-40　送り速度オーバライドダイヤル

3

⑯以下，順次プログラムを実行する．

平面削りを実行後，G00 Z100.0; を実行するとZ軸100.0に移動する．

⑰ X0 Y0 M5; を実行する．

残移動量X軸100.0，Y軸25.0をチェックし，早送りオーバライドを上げる．(0.000 , 0.000) に移動すると主軸回転が停止する．オーバライドを0%に戻す．

⑱ M30; を実行してカーソルがプログラムの先頭に戻り，O211のプログラムが終る．

以上の操作によってプログラムやワーク座標系などが大筋で間違いないことを確かめる． また，外部原点オフセットのZを25.0，15.0と変えて工作物より近い位置で確かめる．

3-5 テストカットと本切削

(1)テストカット

プログラムをチェックし，良好であることを確かめたら実際に少し削ってみる．ここでは深さ1mmだけ削る．最終的に切込み深さ5mmで加工するので**図3-41**のように外部原点オフセットでは4mmだけZ軸でプラス方向にシフトする．

①外部原点オフセットの座標系のZに4.000と入力する．

②前項目の「テストランニング」と同じようにシングルブロックで進める．X-100.0 F680; の指令で点Dから実切削になる．

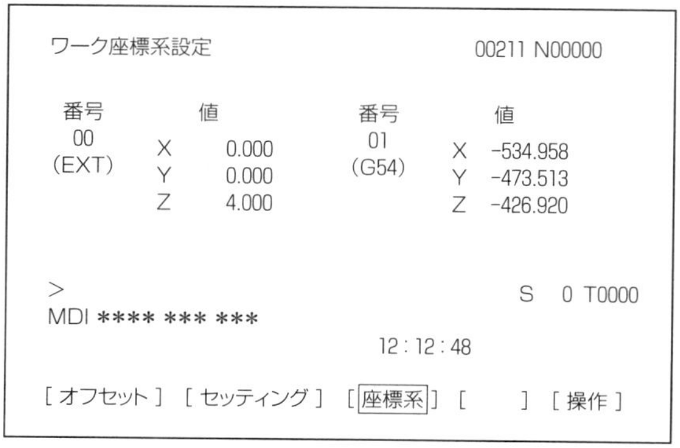

ワーク座標系設定　　00211 N00000

番号		値	番号		値
00 (EXT)	X	0.000	01 (G54)	X	-534.958
	Y	0.000		Y	-473.513
	Z	4.000		Z	-426.920

>　　S　0 T0000
MDI **** *** ***
12 : 12 : 48
[オフセット] [セッティング] [座標系] [　] [操作]

図3-41　ワーク座標系画面 ②

③送り速度オーバライドを徐々に上げて切削し，加工している深さが予定通りかどうかを確かめる．

④予定通り切込み深さ1mmで加工できたら，シングルブロックで最後まで加工を続ける．スタート位置に戻って，テストカットは終了である

ここで予想と大きく異なる場合の対応の仕方を説明する．たとえば，「③」のところで予想と異なる状況が起こったら，すぐに左手でフィードホールドを押して加工を停止する．さらに RESET 釦を押すと，加工は中断する．ハンドルモードにして工具を加工位置から離し，加工スタート点に戻す．そして加工不具合の原因を検討する．

テストカットは実切削によるプログラムのチェックばかりでなく，オフセットの良否の判別などにも有効である．

(2)荒加工

次は仕上げしろ0.5mmを残して荒加工を行なう．外部原点オフセットのZに0.5を入力する．シングルブロックを有効にし，「(1)テストカット」と同じ手順で加工する．それは次のような疑問や不明な点があるためである．

・切削負荷が大きくなるのに対してクランプは充分か？
・切削速度や送り速度など切削条件は適当か？
・カッタパスにより急激に負荷が増えるところはないか？

万一不具合があると重大な事故につながる可能性がある．だからこの荒加工の作業はもっとも慎重に行なうことが必要である．荒加工が終わったら工作物の寸法をノギスまたはマイクロメータでZ方向の厚さを測定する．仕上がり寸法40に対して0.5mmシフトさせているから40.5mmになっていれば予定通りである．

たとえば計測値が40.6mmであったとする．0.1mm大きいので，ワーク座標系G54のZの値を修正する．この場合はマイナス方向に0.1ずらす．現在値は−326.920なので，−0.1を加えて−327.020になる．この数値をそのまま入力してもよいのだが，ここではソフトキー[+ 入力]を使う方法を説明する．G54のZに

カーソルを合わせ，－0.1 をキーインし，ソフトキーの [+ 入力] を押す．－327.020 となる．

(3) 仕上加工

荒加工が終了したら，シングルブロックを OFF にし，切削送りオーバライドを 100%にして連続加工を行なう．

①外部原点オフセットの Z を 0 にする．

②シングルブロック釦を押して OFF にする．

③切削送りオーバライドを 100% にする．

④サイクルスタート釦を押して仕上加工を行なう．

加工終了後に厚さ 40 の寸法を測定し，確認する．

4 エンドミルによる加工

4-1 外周側面削り

(1) 工具の選定からワーク座標系の設定まで

①工具の選定とホルダへの取付け

エンドミルは側面削りや溝加工，ポケット加工などフライス盤作業でもっとも多く使われる工具である．材種としてはハイスと超硬があり，さらにコーティングしたものがよく使われている．形状的には切れ刃が真っ直ぐなスクエアエンドミルと丸い先端のボールエンドミルがある．後者は金型加工に使われる．

切れ刃の数によって写真 3-2，図 3-42 のように 2 枚刃，3 枚刃，4 枚刃がある．ポケットが大きく正面方向に切り込むことができる 2 枚刃エンドミルが便利である．ここでは 2 枚刃ハイスのϕ25 スクエアエンドミル (以下，SEM) を使用する．

コレットチャック，コレットに図 3-43 のようにセットする．写真 3-3 のようなクランプ治具にセットしてクランプレバーで確実に締め付ける．

②主軸への工具の取付け

正面フライスと同様に，手動モードにして主軸にエンドミルホルダを取り付ける (図 3-44)．次に MDI モードにして G90 G54 G00 X0 Y0；を実行してスタート点に移動する．

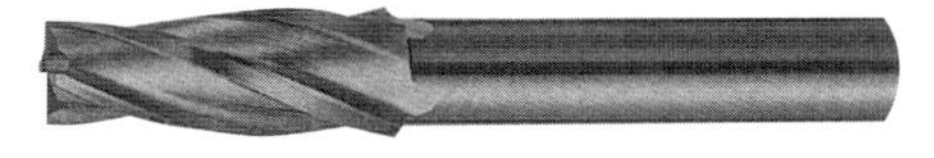

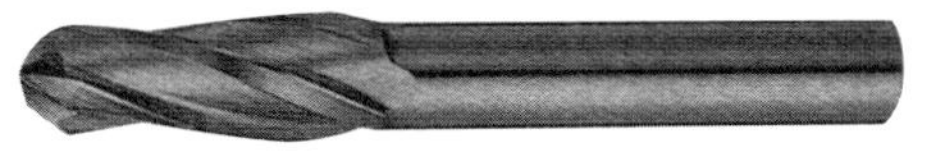

写真 3-2　スクエアエンドミルとボールエンドミル

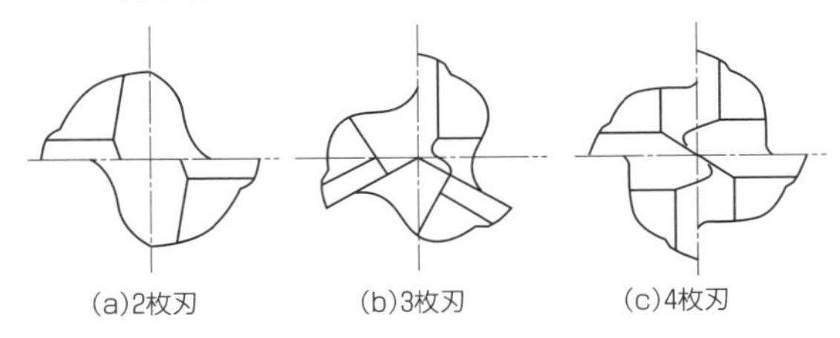

図 3-42　切れ刃

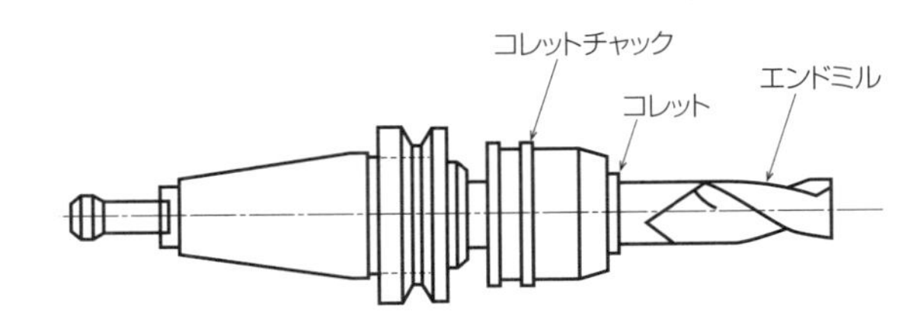

図 3-43　エンドミルのセット

写真 3-3　クランプ治具

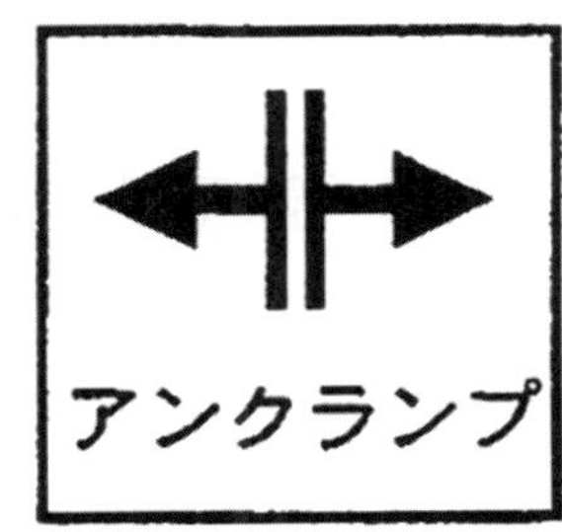

図 3-44　アンクランプ釦

③ワーク座標系のＺ原点の設定

ワーク座標系のX，Yの原点は，ワーク座標系の設定で求めたものをそのまま使用する(➡ p.57)．これに対してＺ軸原点は工具が変わるごとに設定する．設定の手順は正面フライスと同様である．

基準ゲージを使って機械原点にあるときの刃先位置から工作物上面までの距離を測定する．この場合の工作物上面は正面フライスで5mm加工した後の位置である．

図3-45のような関係になったら，ワーク座標系G54のＺに－445.370を入力する．ハンドルモードにして手動パルスハンドルを右に回して工具を上方に移動させる．さらにMDIモードにしてG91 G28 Z0;を実行して一旦機械原点に戻す．

下記のプログラムを実行して工具の刃先が工作物上面から100mm上に位置決めする．

```
G90 G54 G00 Z100.0 ;
```

100mmのスケールなどを使って100mm上にあることを確認する．

(2)プログラムの登録と工具径補正量の入力

①プログラムの登録

ここでは，p.52で作成した側面削りのプログラムO221をメインとサブに分割したプログラムO222，O223としメモリに登録する．カッタパスを**図3-46**に示す．加工としては工具径補正機能(➡ p.36)を使っており，工具径補正量の設定，変更を行なう必要がある．

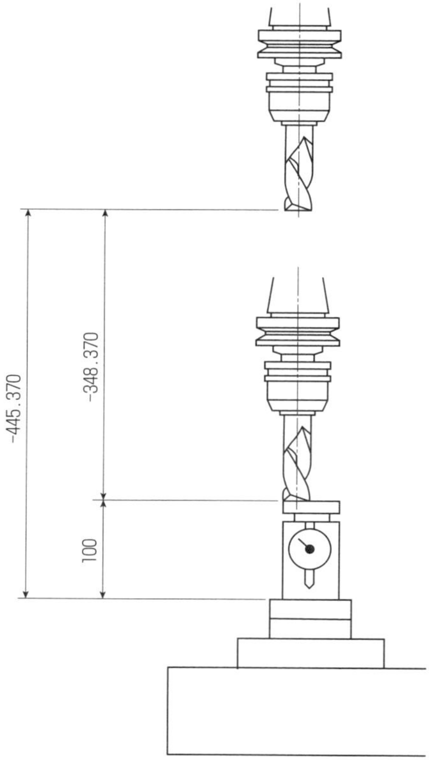

図3-45　ワーク座標系のＺ原点

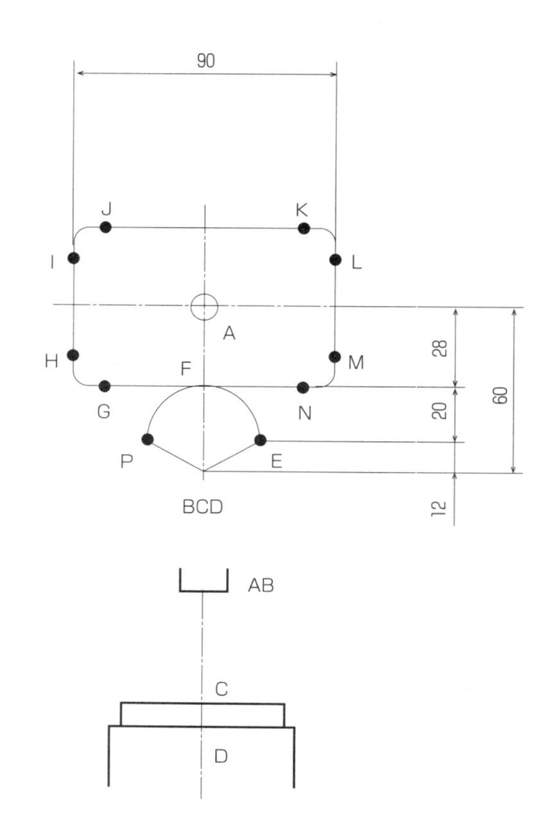

図3-46　外周側面削りのカッタパス

```
O 222 (MAIN);
G90 G54 G00 X0 Y0 S1750 M3;
Z100.0;                          A
M98 P223;
M5;
M30;
O 223;
G91 G00 Y-60.0;                  B
Z-95.0;                          C
G01 Z-15.0 F500;                 D
G41 X20.0 Y12.0 D21 F350;        E
G03 X-20.0 Y20.0 I-20.0;         F
G01 X-35.0;                      G
G02 X-10.0 Y10.0 J10.0;          H
G01 Y36.0;                       I
G02 X10.0 Y10.0 I10.0;           J
G01 X70.0;                       K
G02 X10.0 Y-10.0 J-10.0;         L
G01 Y-36.0;                      M
G02 X-10.0 Y-10.0 I-10.0;        N
G01 X-35.0;                      F
G03 X-20.0 Y-20.0 J-20.0;        P
G40 G01 X20.0 Y-12.0;            D
G00 Z110.0;                      B
Y60.0;                           A
M99;
```

②工具径補正量の入力

エンドミルの側面削りでは，工具径補正 G41 を使用するので補正量を設定する．オフセットメモリ A タイプとし，オフセット番号は 21 とする．使用するエンドミルの直径は 25mm である．

補正量は(工具半径＋加工しろ)から次のように設定する．

		工具半径		残ししろ		補正量
第 1 段階	試し削り	12.5	＋	2.5	＝	15.0
第 2 段階	荒加工	12.5	＋	0.5	＝	13.0
第 3 段階	仕上加工	12.5	＋	0	＝	12.5

［**図 3-47**］

(a) オフセット キーを押し，ソフトキー［オフセット］を押す

(b) カーソルを 21 に合わせる

(c) 15.0 をキーインする

(d) INPUT キーを押す

③テストランニング

正面フライスと同様に下記の条件でテストランニングを行なう．

(a) 外部原点オフセットの座標系の Z に 100.0 を入力する

(b) シングルブロック ON

(c) 早送りオーバライド 0%

(d) 切削送りオーバライド 0%

(e) メモリモードでプログラムチェック画面を表示させる

以上の設定でサイクルスタート釦(ボタン)を押して 1 ブロックずつチェックしながら進める．1 ブロックごとに必ず早送りオーバライド，切削送りオーバライドを元に戻す．どちらも省略してはならない．どこにどのようなエラーがあるか，はじめの運転では予想できないからである．

予定通り動くようになったら，Z のシフト量を変え

```
工具補正                                   O0000 N00000
番号        値           番号        値
017       0.000          025        0.000
018       0.000          026       -7.500
019       0.000          027       12.000
020       0.000          028      -20.000
021      15.000          029        0.000
022       0.000          030        0.000
023       0.000          031        0.000
024       0.000          032        0.000
現在位置  （相対座標）
X         0.000          Y          0.000
Z         0.000
>
MDI **** *** ***              16:17:33
[オフセット] [セッティング] [座標系] [        ] [操作]
```

図 3-47　オフセット画面

ワーク座標系設定　　　　　　　　　　00000 N00000

番号		値	番号		値
00 (EXIT)	X	0.000	01 (G54)	X	-534.958
	Y	0.000		Y	-473.513
	Z	9.000		Z	-426.920

>　　　　　　　　　　S　0 T0000
MDI **** *** ***
12 : 12 : 48

[オフセット] [セッティング] [座標系] [　　] [操作]

図3-48　ワーク座標系の画面

てもう一度工作物の近くでランニング運転を行なう．プログラム上のＺ軸の最下端の位置Ｃは－10.0である．Ｚ軸のシフト量を20.0にすると，工具の最下端位置は工作物上面より10mm上になる．

(3) テストカットと本切削

①テストカット

プログラムをチェックし，良好であることを確かめたら少し削ってみる．切込み深さ1mm，Ｘ軸方向2.5mm削ることにする．深さ10mmまで加工するから，外部原点オフセットの座標系のＺ軸を9mmだけプラス方向にシフトさせる．オフセット番号21に15.0を入力する．

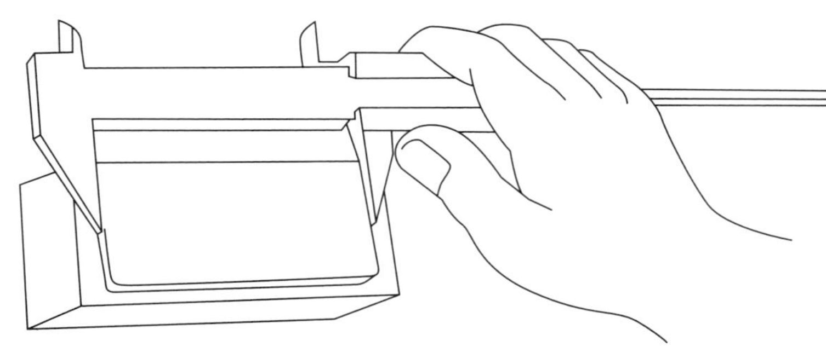

図3-49　寸法測定

［図3-48］

(a) テストランと同じ手順で加工を進める．

(b) G02　X-10.0　Y10.0　J10.0；のブロックを実行すると削りはじめる．

(c) 予定通りであればシングルブロックで最後まで加工を続ける．

(d) 工作物の仕上り寸法がＸ方向90のところを測定．

工具径 ϕ25に対してオフセット量を15.0と入力している．したがって寸法は5mm大きいはずである．幅寸法90のところ95になっていることを確かめる．Ｙ方向は削らない．

②荒加工

径方向，深さ方向とも仕上げしろ0.5mmを残して荒加工を行なう．外部原点オフセットの座標系のＺに0.5を入力し，オフセット21に13.0を入力する．シングルブロックを有効にしてテストカットと同じ手順で加工する．

ノギスまたはマイクロメータで**図3-49**のように測定する．たとえば測定値が91.08になったとする．エンドミルが再研削によって細くなったと考えられる．

オフセットの修正量を次のように計算する．

(91.08 － 90) /2 = 1.08/2 = 0.54

カーソルを21に合わせて－0.54をキーインし，ソフトキー[+ 入力]を押して変更する．

新しいオフセット量は13.0 － 0.54=12.46となる．

(e) 加工深さ10mmの測定．ノギスまたはデプスマイクロメータで段差を測定する（**図3-50**）．

たとえば9.5となるはずのところが9.47と浅かったとする．－0.03をG54のＺの値に加算する．はじめＺの値は－445.370であったから新しい値は次のようになる．

－445.370 ＋ (－0.030)＝－445.400

以上の例からわかるようにこの加工深さ9.5mmの荒加工は切削してプログラムの良否をみるというだけではなく，最終寸法のための準備をも行なっている．その意味で測定も正確を期す必要がある．

詳細に工作物を測定し，幅 91，深さ 9.5 を正確に確かめる．

③仕上加工

外部原点オフセットの座標系の Z を 0 にし，計測により修正したオフセット量を 21 に入力する．シングルブロックを OFF にし，オーバライドを 100％に上げて連続加工を行なう．加工後に X 方向 Y 方向の巾寸法，Z 方向の深さを測定し，予定通りの寸法になっていることを確認する．

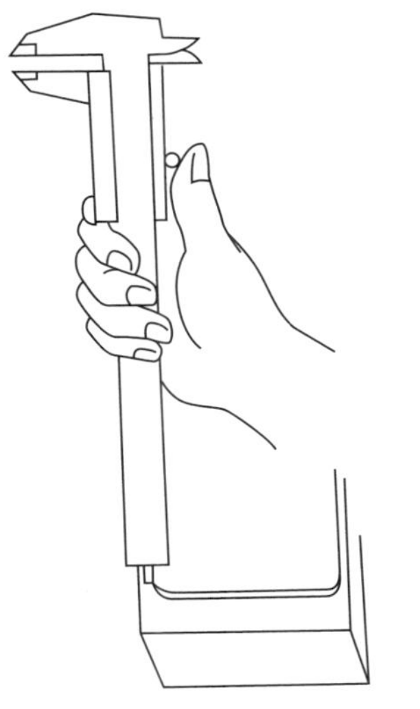

図 3-50　加工深さ測定

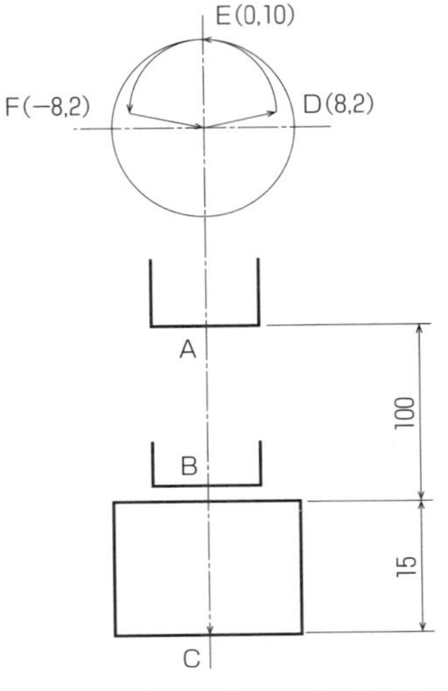

図3-51　真円ポケット加工のカッタパス

4-2 ポケット加工

(1) 真円ポケット

①工具の選定とホルダへの取付け

ϕ 12SEM の 2 枚刃エンドミルをホルダに取り付ける．2 枚刃エンドミルは，1 刃が中心を越えたところまで切れ刃があるので正面方向に切込むことが可能である．主軸への取付けと Z 軸原点の設定は前項と同じである．カッタパスを図 3-51 に示す．

②プログラムの登録

真円ポケットの加工は，下記のプログラムを使って行なう．

```
O 231 (MAIN) ;
G90 G54 G00 X 0 Y0 S3450 M3;        A
Z100.0;
/M8;
M98 P232;
M9;
M5:
M30;
O 232 (SUB1 CIRCLE) ;
G91 G00 Z-98.0:                     B
G01 Z-17.0 F100;                    C
G41 X8.0 Y2.0 D22 F480;             D
G03 X-8.0 Y8.0 I-8.0:               E
J-10.0:                             E
X-8.0 Y-8.0 J-8.0;                  F
G40 G01 X8.0 Y-2.0;                 C
G00 Z115.0;                         A
M99;
```

ポケット加工は切りくずの排出が悪く，切りくずが切れ刃に溶着しやすいのでクーラントを使用する．クーラントを出す指令は M8 である．

メインプログラム O 231 のなかの /M8 の指令は図 3-52 のブロックスキップ釦を ON，OFF してクーラントを制御する．テストランニングではブロックスキップ釦を ON にしてクーラントを出さないでプログラムをチェックし，テストカットにはいったらブロックスキップ釦を OFF にしてクーラントを出す．

③工具径オフセットの入力

ϕ 12SEM の工具径データをオフセット番号 22 に登録する．入力するオフセット量は（工具半径＋残ししろ，6.0 ＋ 1.5=7.5）から 7.5 とする．

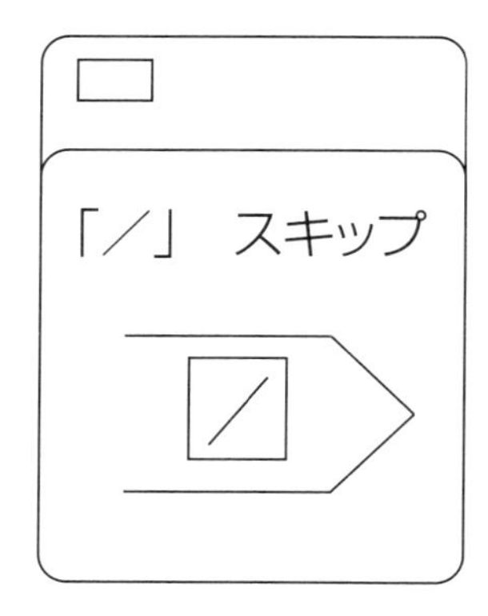

図3-52　ブロックスキップ釦

④テストランニング

外周削りと同様の条件でテストランニングを行なう．クーラントを出さないようにブロックスキップONの指令を追加する．Zのシフト量を変えて，工作物の近くでプログラムをチェックする．

⑤テストカット

切込み深さ1mmとするために外部原点オフセットの座標系のZに14.0と入力する．クーラントはない方がチェックしやすいのでブロックスキップONはそのままとする．シングルブロックモードでテストカットを進める．

加工後，ポケットの巾と深さを測定して確かめる．オフセット7.5と入れているので直径20のところは17になるはずである．

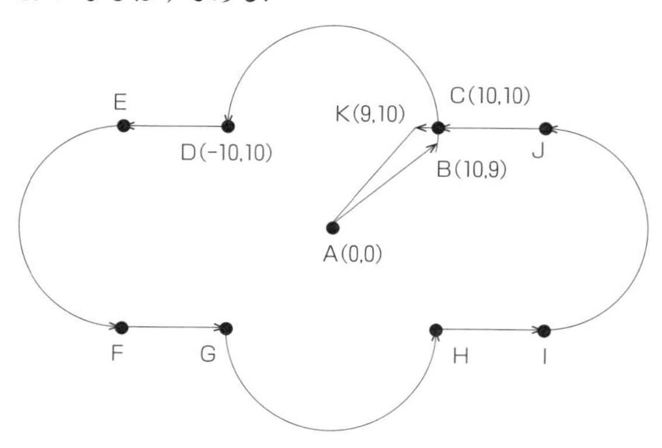

図3-53　十字ポケット加工のカッタパス

⑥荒加工

真円ポケットの寸法が予定通りであることを確かめたら外部原点オフセットの座標系のZの値を0.5にし，シングルブロックでテストカットを進める．ブロックスキップ釦をOFFにしてクーラントを出す．一通り全加工を行い，測定して寸法をチェックする．測定結果から残りの仕上げしろが0.5mmになるようにオフセット番号22のオフセット量を変更する．

6.0 ＋ 0.5=6.5

上記の計算からオフセット量を6.5として荒加工を行う．仕上加工は次の十字ポケットと連続で行なうようにする．加工後にX方向Y方向の巾寸法，Z方向の深さを測定し，予定通りの寸法になっていることを確認する．

(2) 十字ポケット

工具とホルダ，主軸への取付け，Z軸原点の設定は前項と同じである．カッタパスを図3-53に示す．

①プログラムの登録

十字ポケットの加工は下記のプログラムを使う．メインプログラム O231は真円加工と同じでサブプログラム呼出しのみ変える．

```
O 231 (MAIN) ;
G90 G54 G00 X 0 Y0 S3450 M3;          A
Z100.0;
/M8;
M98 P233;
M9;
M5:
M30;
O 233 (SUB2 CROSS) ;
G91 G00 Z-98.0:
G01 Z-7.0 F500;                       A
G41 X10.0 Y9.0 D22 F480;              B
G01 Y1.0;                             C
G03 X-20.0 I-10.0;                    D
G01 X-10.0;                           E
```

```
G03 Y-20.0 J-10.0;          F
G01 X10.0;                  G
G03 X20.0 I10.0;            H
G01 X10.0;                  I
G03 Y20.0 J10.0;            J
G01 X-11.0;                 K
G40 X-9.0 Y-10.0;           A
G00 Z105.0;
M99;
```

②工具径オフセットの入力

オフセット番号 22 のデータを最初の 7.5 に戻す.

③テストランニング

真円ポケットと同じ条件でテストランニングを行なう. Z のシフト量を変えて, 工作物の近くでプログラムをチェックする.

④テストカット

切込み深さ 1mm とするために外部原点オフセットの座標系の Z に 4.0 と入力する. クーラントはブロックスキップ ON とする. シングルブロックモードでテストカットを進める. 加工後, 十字ポケットの左右巾と前後巾と深さを測定して確かめる. 左右巾 60 のところが 57, 前後巾 40 のところが 37 になっているはずである.

⑤荒加工

十字形状ポケットの寸法が良好であることを確かめたら外部原点オフセットの座標系の Z の値を 0.5 にし, シングルブロックモードでテストカットを進める. ブロックスキップを OFF にしてクーラントを出す. 一通り全加工を行ない, 測定して寸法をチェックする. 測定結果から残りの仕上げしろが 0.5mm になるようにオフセット番号 22 のオフセット量を変更する. 上記の計算からオフセット量を 6.5 として荒加工を行なう.

⑥仕上加工

メインプログラムのサブプログラム呼出しを下記のようにし, 真円ポケットと十字ポケットを連続的に加工する.

```
/M8;
M98 P232;
M98 P233;
M9;
```

外部座標系の Z を 0 にし, オフセット 22 に 6.0 を入力する. シングルブロックを OFF にし, オーバライドを上げて連続加工を行なう. 加工後に真円ポケットと十字ポケットの X 方向 Y 方向の巾寸法, Z 方向の深さを測定し, 予定通りの寸法になっていることを確認する.

5　穴あけ作業

加工課題「Fuji」の穴あけについて, プログラムと加工を一括してここで説明する(**図 3-54**).

めねじは, 次の 4 種類の工具により 4 つの工程で加工する.

1　センタドリルによるもみつけ
2　φ8.5 ドリルによる下穴加工
3　面取工具による面取り
4　M10-1.5 タップによるめねじ加工

これらの加工は, 固定サイクルという機能によって行なわれる. 一度指令すると, その後は穴位置を指令するだけで次々に穴加工を実行する. 位置情報は 4 つの加工に共通しているのでサブプログラムに登録しておくと便利である.

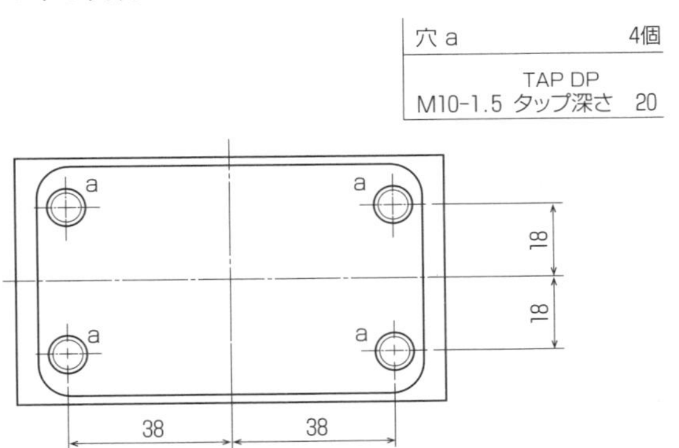

図 3-54　穴あけ

5-1 センタ穴加工

ツイストドリルは先端部に切れ刃がないため工作物への切込みが不安定であり，位置精度がよくない．センタ穴はこれを補い，ドリル加工のための案内の役割をする．センタ穴加工には図3-55のセンタドリルを使用する．

①切削条件

切削速度 $V = 44\text{m/min}$ より S2300

送り速度 $Sz = 0.17\text{mm/rev}$ より F390

②プログラム

プログラムはメインプログラム O241，サブプログラム O242，O243 の 3 つにする．

```
O241 (MAIN) ;
G90 G54 G00 X0 Y0 S2300 M3;
Z100.0 ;
/M8;
M98 P242;
M9;
M5;
M30;

O242 (SUB1) ;
G90 G99 G81 R5.0 Z-6.0F390 L0;
M98 P243;
M99;

O243 (SUB2) ;
G90 X38.0 Y18.0;
Y-18.0;
X-38.0;
G98 Y18.0;
G80;
X0 Y0;
M99;
```

サブプログラム O242 のなかの L0 は穴加工の情報のみ記憶し，穴加工を行なわない指令である．

位置決めのプログラム O243 は，この後に出てくる下穴加工，面取り加工，めねじ加工にも共通に使用する．

③工具の選定とホルダへの取付け

センタドリル $\phi 6$ を使用し，図3-56のようにドリルチャックホルダに取付ける．

④テストランニング

いままでと同じように Z 軸 100.0 シフトしてシングルブロック ON，プログラムチェック画面でオーバライドを最低にしながら進める．異なるところは，固定サイクル G81 にはいるとプログラムと工具の動きが対応しなくなることである．

以下，最初の穴加工までのプロセスを追う．

1 スタート点で主軸が回転し，Z100.0 に位置決め
2 サブプログラム O242 で固定サイクルのモーダル情報のみ指令
3 サブプログラム O243 で X38.0 Y18.0 に早送りで移動
4 早送りで R 点まで移動(早送りオーバライド有効)
5 Z 点まで切削送りで加工(切削送りオーバライド有効)，Z 点に達すると G99 により早送りで R 点に戻る

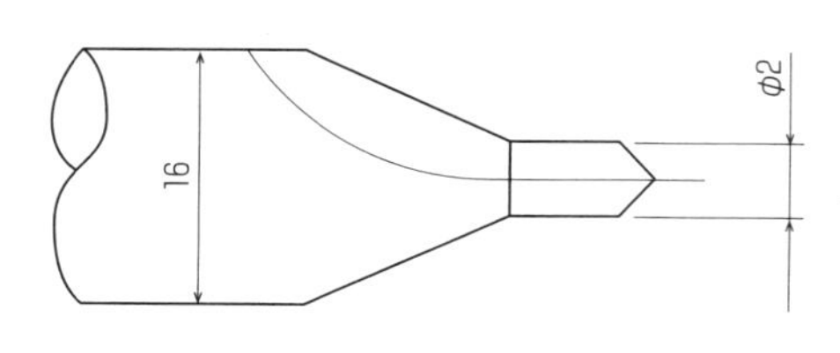

図3-55　センタドリル

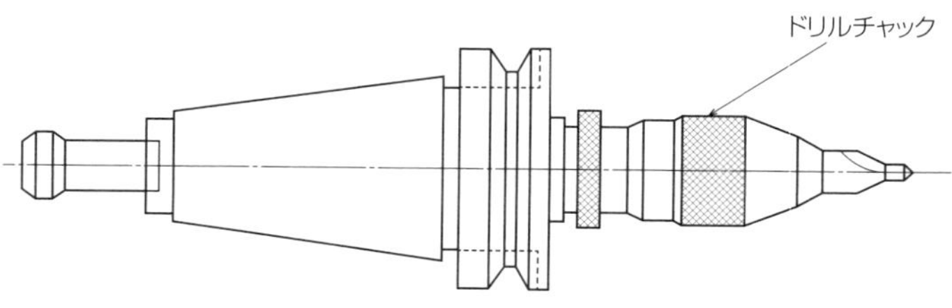

図3-56　ドリルチャックホルダ(センタドリルの取付け)

6　早送りで次の穴(38.0, −18.0)に移動

以上 1 〜 6 を**図 3-57** に示す.

次に, 3 〜 6 を繰返す.

7　第 4 穴(−38.0,18.0)を加工すると, G98 により I 点まで早送りで戻る

⑤テストカット

いままでと同じように外部原点オフセットの座標系でシフトし, 深さ 1mm を加工し, 良好であったら最終深さまで加工する. いずれもシングルブロックで行なう.

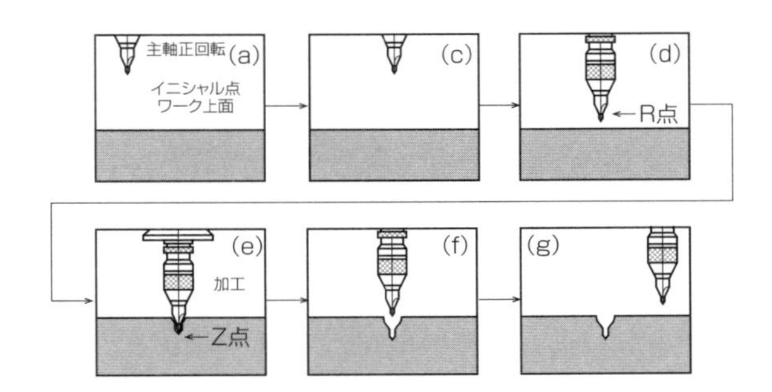

図 3-57　穴加工のプロセス

写真 3-4　ツイストドリル

5-2 深穴あけ加工

M10-1.5 のめねじの下穴径は次のように決める.

ねじ径 − ねじピッチ, として

$\phi 10 - 1.5 = \phi 8.5$

ϕ8.5 ドリルで深穴あけを行なう.

[使用工具]

ハイスのツイストドリル　ϕ 8.5(**写真 3-4**)

①切削条件

切削速度　$V = 48$m/min　として S1900

送り速度 $Sz = 0.19$mm/rev として F360

②プログラム

深穴あけの固定サイクルとしては G83 または G73 があるが, ここでは切りくずを確実に排出する深穴あけの固定サイクル G83 を使う(**図 3-58**).

```
O251 (MAIN) ;
G90 G54 G00 X0 Y0 S1900 M3;
Z100.0 ;
/M8;
M98 P252;
M9;
M5;
M30;

O252 (SUB) ;
G90 G99 G83 R5.0 Z-30.0 Q1.5 F360 L0;
M98 P243;
M99;
```

G73 で加工する場合は O252 のプログラムの G83 を G73 に変更する.

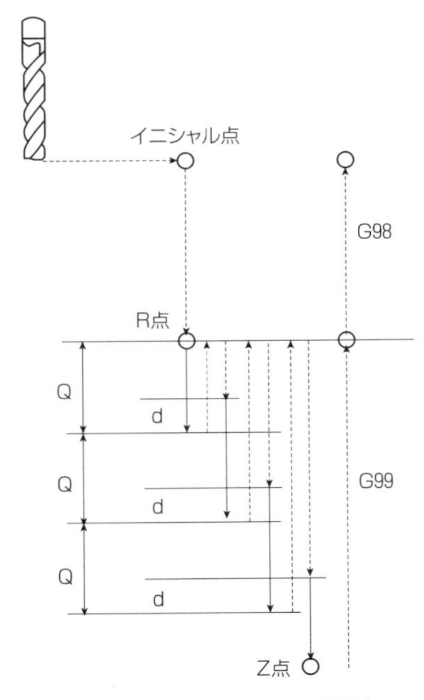

図 3-58　G83 のドリルの工具経路

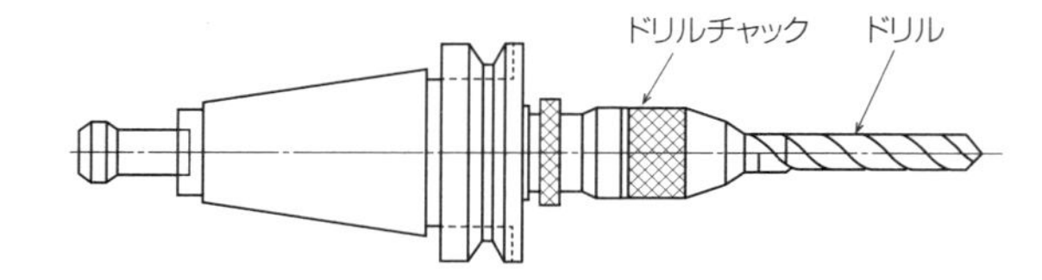

図3-59　ドリルチャックホルダ(ツイストドリルの取付け)

③工具の選定とホルダへの取付け

φ8.5 ドリルを図 3-59 のようにドリルチャックホルダに取付ける

④テストランニング

Z 軸を 100mm シフトさせてプログラムをチェックする．ブロックスキップボタンを押して ON し，クーラントが出ないようにする．加工モードにはいったら，早送りオーバライドを 10%，切削送りオーバライドを 100%にすると早くプログラムをチェックすることができる．

⑤テストカット

ブロックスキップボタンを再度押して OFF にして，クーラントが出るようにする．

5-3 面取り加工

面取りには図 3-60 のような面取り工具を使う．

面取りの大きさは図 3-61 のようにして決める．

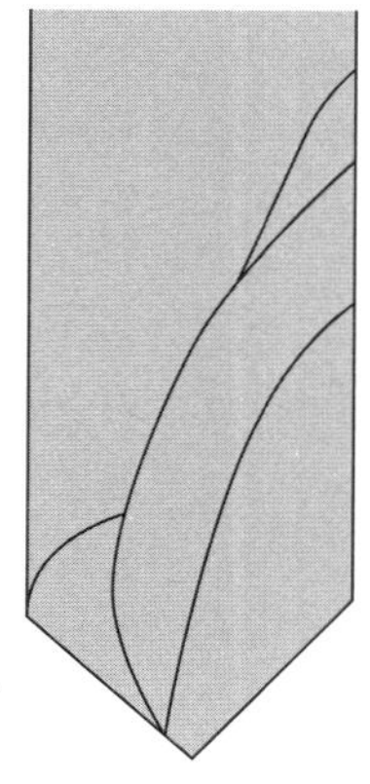

図3-60　面取り工具

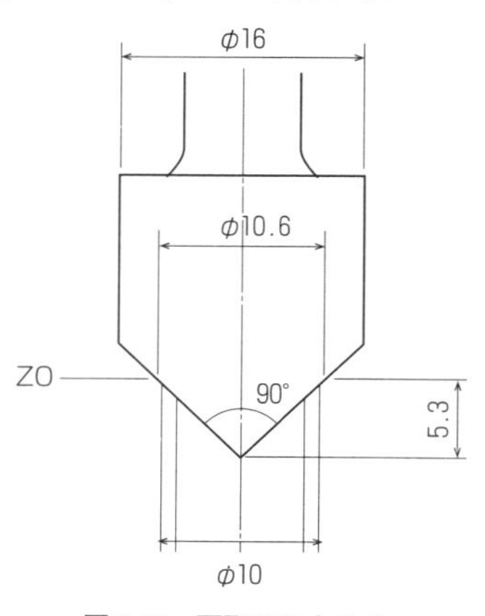

図3-61　面取りの大きさ

M10 めねじに対して面取りの大きさを φ 10.6 にすると，深さ Z は 5.3 になる．

①切削条件

面取り加工は，びびりを発生しやすいので通常の加工より切削速度を下げる．

切削速度　V = 15m/min　　として S300

送り速度 Sz = 0.5mm/rev　として F300

ドウエル時間(停止時間)

最下端位置で工具が 2 ～ 3 回転する時間だけ停止する．

主軸回転速度 N=300，回転数 n = 3 とすると

P = 60/N × n × 1000=60/300 × 3 × 1000=600

P600 は 0.6 秒のドウェル時間を意味する．

②プログラム

固定サイクルは G82 を指令する．動きは G81 とほとんど同じで，穴底でドウエルするところが異なる．

[指令フォーマット]

```
[G90/G91]
[G98/G99] G82 X_Y_R_Z_P_F_L_;
```

```
O261 (MAIN) ;
G90 G54 G00 X0 Y0 S300 M3;
Z100.0 ;
/M8;
M98 P262;
M9;
M5;
M30;

O262 (SUB) ;
G90 G99 G82 R5.0 Z-5.3 P600 F300 L0;
M98 P243;
M99;
```

③工具の選定とホルダへの取付け

面取りカッタを図 3-62 のようにコレットチャックホルダに取付ける．

④テストランニング

Z を 100.0 シフトさせてチェックする．ブロックスキップボタンを押して ON し，クーラントが出ないようにする．穴底でのドウエルを確かめる．

⑤テストカット

面取りが大きすぎないように，はじめは外部原点オフセットの Z を 1.0 位にして加二し，徐々に面取りを大きくする．ブロックスキップボタンを OFF にする．

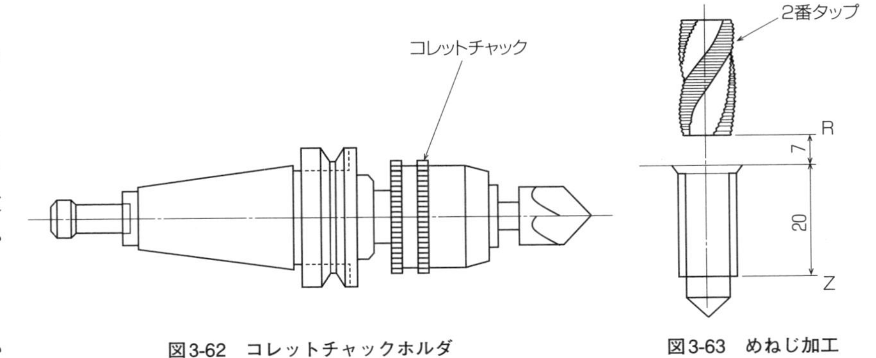

図3-62　コレットチャックホルダ

図3-63　めねじ加工

5-4 めねじ加工

2 番のマシンタップを取付け，**図 3-63** のように M10-1.5 のめねじを深さ 20mm まで加工する．ここではタッパを使った従来型の加工とリジッドタップによる加工のプログラムを取上げる．

(1) タッパを使っためねじ加工

タッパは穴底での正回転，逆回転時の回転と送りのずれを吸収する緩衝機構のため主軸回転速度が制限される．

①切削条件

切削速度 $V = 9$ m/min として S300,

送り速度 $F = P \times S = 1.5 \times 300 = 450$ として F450

②プログラム

```
O271 (MAIN) ;
G90 G54 G00 X0 Y0 S300 M3;
Z100.0 ;
/M8;
M98 P272;
M9;
M5;
M30;
```

```
O272 (SUB) ;
G90 G99 G84 R7.0 Z-25.0 F450 L0;
M98 P243;
M99;
```

R 点は工作物上面から 7mm 上にする．

③工具の選定とホルダへの取付け

図 3-64 のようにタップコレットにマシンタップ M10-1.5 を取付け，これをタップホルダにセットする．

④テストランニング

Z100.0 シフトさせてチェックする．ブロックスキップボタンを押して ON し，クーラントが出ないようにする．

⑤実切削

ねじ加工では試し削りはできず，シフト量を 0 にして一回で加工する．R7.0 からねじ加工のサイクルにはいると，送り速度オーバライドはきかず，フィードホールドも無効になる．Z-25.0 で主軸の回転が逆転する．

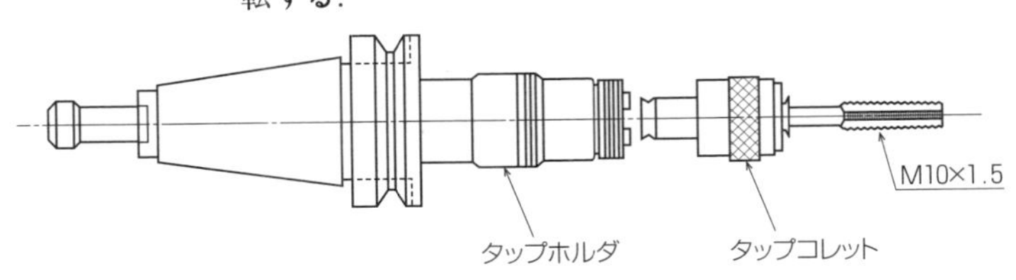

図3-64　タップコレット（マシンタップの取付け）

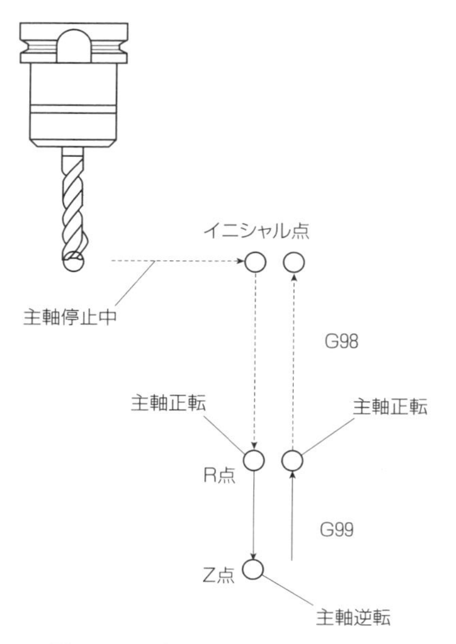

図3-65　リジットタッピング工具経路

(2) リジッドタッピングによるめねじ加工

後者は主軸用モータがサーボモータでリジッドタッピングの機能を有することが必要である．主軸回転と送り速度が同期しているため高速で加工できる（**図3-65**）．

①切削条件

切削速度 V = 31m/min として S1000

送り速度 $F = P \times S$=1.5 × 1000=1500 として F1500

写真3-5　コレットチャックホルダ（マシンタップの取付け）

②プログラム

```
O273 (MAIN) ;
G90 G54 G00 X0 Y0 S1000 M3;
Z100.0 ;
/M8;
M98 P274;
M9;
M5;
M30;
O274 (SUB) ;
M29;
G90 G99 G84 R5.0 Z-25.0 F1500 L0;
M98 P243;
M99;
```

M29 によりリジッドタッピングのモードにする．ほかに M135 や G84.2 などの指令方法があり，NC 装置によって異なる．

③工具の選定とホルダへの取付け

コレットチャックホルダにマシンタップを取付けて加工する（**写真3-5**）．

④テストランニング

Z100.0 シフトさせてチェックする．ブロックスキップボタンを押して ON し，クーラントが出ないようにする．

⑤実切削

ねじ加工では試し削りはできない．ブロックスキップボタンを押して OFF し，クーラントが出るようにする．

6　NCフライス加工実例

ここではエンドミルによるポケット加工に限定し，荒加工・仕上加工についてプログラムを中心に解説する．応用として面取り加工を紹介する．使用した工具のエンドミル ϕ 8 を**写真3-6**，面取り工具 ϕ 16 を**写真3-7** に示す

写真3-6　ハイスエンドミル・2枚刃 φ8

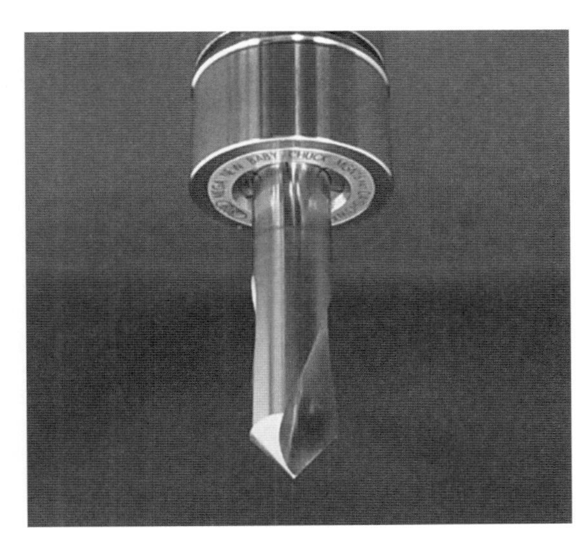

写真3-7　面取り工具 φ16

6-1 加工課題「Hotaka」

図3-66 にポケット加工部を示す.

ポケット加工には2枚刃のハイスエンドミル φ8を使用し，荒加工と仕上加工を行なう．荒加工は半径方向，深さとも仕上しろ0.1残しとする．仕上加工後に面取り工具 φ16でポケット形状部の角部を面取りする.

ポケット形状部を一周するように作成したサブプログラム O1012は，荒，仕上，面取りに共通に使用する.

(1) 荒加工

ポケット加工において，最初の穴（**イニシアルホール**）の加工法は検討すべき問題である．ドリルによる加工が一般的であるが，使用工具が増え，手間がかかる．加工課題 Fujiでは2枚刃の φ12エンドミルをZ軸方向に直に突込む加工にした（➡ p.52）．2枚刃エンドミルは正面に切れ刃がありドリルのようにZ軸方向に直に突込むことができるが，切りくず排除が悪く，切りくず詰りによる折損などのトラブルを起こしかねない.

今回は，エンドミルをY-Zの同時2軸の移動によりZ軸方向に少しずつ下げながらY軸方向に切削する浅切込み高送りの加工方法を採用した．Y-Zの同時2軸のサブプログラムをメインプログラムから6回呼び出して希望の深さまで加工する．この加工はこの部位に生ずる島残しを除去する意味もある.

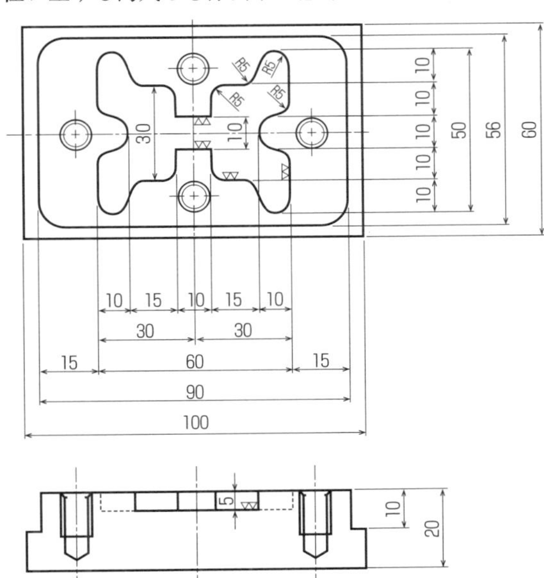

図3-66　Hotakaのポケット加工部

6回呼び出すメインプログラムのブロック

```
M98P1011F470L6;
```

呼び出されるサブプログラム

```
O1011 (POCKET RU SUB)  G91 G01 Y-20.0 Z-0.5;
Y20.0 Z-0.5;
M99;
```

以上を考慮して以下のプログラムを追ってみる.
オフセット番号D11のオフセット量は4.1とする.

```
O1010 (POCKET RU) ;
G90 G54 G00 X0 Y0 S4700 M3;
Z100.0;
X12.5 Y10.0;
Z1.1 M8;
M98 P1011 F470L6;
G90 G01 Y-10.0;
G00 Z10.0;
X-12.5 Y10.0;
Z1.1;
M98 P1011 L6;
G90 G01 Y-10.0;
X-12.5 Y0.0;
M98 P1012 D11;
G90 G00 Z100.0 M9;
X0M5;
M30;

O1011 (POCKET RU SUB) G91 G01 Y-20.0 Z-0.5;
Y20.0 Z-0.5;
M99;

O1012 (POCKET SUB) ;
G90 G41 G01 X-5.0;
Y10.0;
G03 X-10.0 Y15.0 I-5.0;
G01 X-15.0;
G02 X-20.0 Y20.0 J5.0;
G03 X-30.0 I-5.0;
G01 Y10.0;
G03 X-25.0 Y5.0 I5.0;
G02 Y-5.0 J-5.0;
G03 X-30.0 Y-10.0 J-5.0;
G01 Y-20.0;
G03 X-20.0 I5.0;
G02 X-15.0 Y-15.0 I5.0;
G01 X-10.0;
G03 X-5.0 Y-10.0 J5.0;
G01 Y-5.0;
X5.0;
Y-10.0;
G03 X10.0 Y-15.0 I5.0;
G01 X15.0;
G02 X20.0 Y-20.0 J-5.0;
G03 X30.0 I5.0;
G01 Y-10.0;
G03 X25.0 Y-5.0 I-5.0;
G02 Y5.0 J5.0;
G03 X30.0 Y10.0 J5.0;
G01 Y20.0;
G03 X20.0 I-5.0;
G02 X15.0 Y15.0 I-5.0;
G01 X10.0;
G03 X5.0 Y10.0 J-5.0;
G01 Y5.0;
X-12.5;
G40Y0;
M99;
```

(2) 仕上加工

荒加工で径方向と深さ方向に0.1 mmの仕上しろを

付けているので，仕上加工ではこれを除去する．プログラムは下記のO1020であり，ポケット部の加工にはサブプログラムO1012を使用する．

オフセット番号D17のオフセット量は4.0とする．

```
O1020 (POCKET FN ) ;
G90 GG54 G00 X0 Y0 S6000 M3;
Z100.0;
X12.5 Y10.0;
Z2.0 M8;
G01 Z-5.0 F600;
Y-10.0;
Z2.0;
G00 X-12.5 Y10.0;
G01 Z-5.0;
Y-10.0;
Y0;
M98 P1012 D17;
G90 G00 Z100.0 M9;
X0 M5;
M30;
```

(3) 面取り加工

エンドミルによる外周側面削り，ポケット加工では，図3-67のように鋭い角部が生ずる．このままでは手や指を傷つけたり切ったりして危険である．加工後にやすりをかけ，組立前の作業として面取り・バリ取りを行なう．

ここでは写真3-10に示した面取り工具ϕ16を使い，図3-68のようにして面取りを行なう．外周部も面取り加工を行なっているが，ポケット部は仕上加工と同じくサブプログラムO1012を使用する．

オフセット番号D14のオフセット量は3.0とする．

```
O1030 (POCKET CF) ;
G90 G54 G00 X0 Y0 S2000 M3;
Z100.0;
X-12.5;
Z2.0 M8;
G01 Z-3.0 F200;
M98 P1012 D14;
G90 G00 Z100.0 M9;
X0 M5;
M30;
```

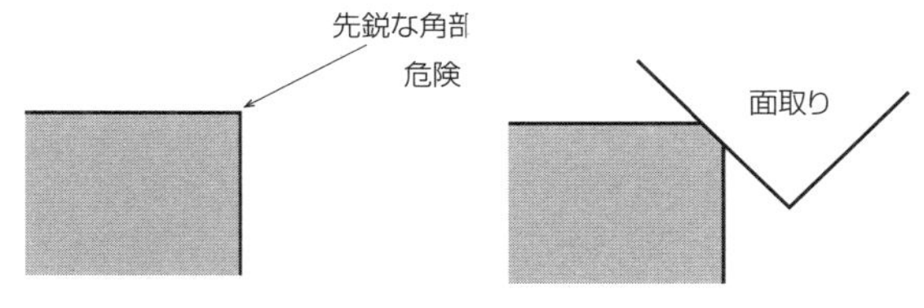

図3-67　ポケット加工で生じる鋭角部　　図3-68　面取り加工

6-2 加工課題「Yari」

図3-69にポケット加工部を示す．

ポケット加工にはHotakaと同じ工具を使用し，荒加工と仕上加工を同じ切削条件で行なう．面取りも同様とする．ポケット形状部を加工するサブプログラムO2012は，荒，仕上，面取りに共通して使用する．

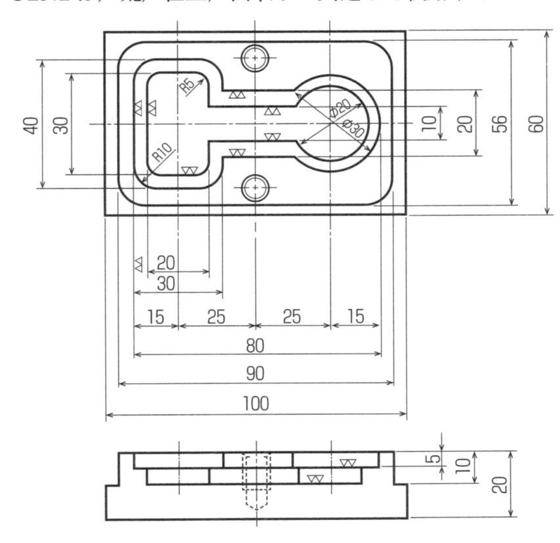

図3-69　Yariのポケット加工部

(1) 荒加工

ポケット形状部の最初の切込みは，Hotaka と同様に，X-25.0 Y10.0 の位置からエンドミルを Y-Z の同時 2 軸の移動により Z 軸方向に少しずつ下げて Y 軸方向に切削しながら希望の深さまで加工する．

11 回呼び出すメインプログラムのブロック

```
M98 P2011 F470 L11;
```

呼び出されるサブプログラム

```
O2011 (POCKET RU SUB) G91 G01 Y-20.0 Z-0.5;
Y20.0 Z-0.5;
M99;
```

オフセット番号 D11 のオフセット量は 4.1 とする．

```
O2010 (POCKET RU) ;
G90 G54 G00 X0 Y0 S4700 M3;
Z100.0;
X-25.0 Y10.0;
Z1.1 M8;
M98 P2011 F470 L11;
G90 G01 Y-10.0;
G00 Y0;
G01 X25.0;
M98 P2012 D11;
G90 G00 Z-4.9;
M98 P2013 D11;
G90 G00 Z100.0 M9;
X0 M5;
M30;

O2011 (POCKET RU SUB) G91 G01 Y-20.0 Z-0.5;
Y20.0 Z-0.5;
M99;

O2012 (POCKET SMALL SUB) ;
G90 G41 G01 Y5.0;
G01 X-15.0;
Y10.0;
G03 X-20.0 Y15.0 I-5.0;
G01 X-30.0;
G03 X-35.0 Y10.0 J-5.0;
G01 Y-10.0;
G03 X-30.0 Y-15.0 I5.0;
G01 X-20.0;
G03 X-15.0 Y-10.0 J5.0;
G01 Y-5.0;
X25.0;
G00 G40 Y0;
G41 X15.0;
G03 I10.0;
G00 G40 X25.0;
M99;

O2013 (POCKET LARGE SUB) ;
G90 G00 X25.0 Y0;
G41 Y10.0;
G01 X-10.0;
G03 X-20.0 Y20.0 I-10.0;
G01 X-30.0;
G03 X-40.0 Y10.0 J-10.0;
G01 Y-10.0;
G03 X-30.0 Y-20.0 I10.0;
G01 X-20.0;
G03 X-10.0 Y-10.0 J10.0;
G01 X25.0;
G40 G00 Y0;
G41 X10.0;
G03 I15.0;
G40 G00 X25.0;
M99;
```

(2) 仕上加工

荒加工で径方向と深さ方向に0.1 mmの仕上しろを付けているので，仕上加工ではこれを除去する．プログラムは下記のO2020であり，ポケット部の加工にはサブプログラムO2012，O2013を使用する．

オフセット番号D17のオフセット量は4.0とする．

```
O2020 (POCKET FN) ;
G90 G54 G00 X0 Y0 S6000 M03;
Z100.0;
X-25.0 Y10.0;
Z-8.0 M8;
G01 Z-10.0 F600;
G90 G01 Y-10.0;
G00 Y0;
G01 X25.0;
M98 P2012 D17;
G90 G00 Z-5.0;
M98 P2013 D17;
G90 G00 Z100.0 M9;
X0 M5;
M30;
```

(3) 面取り加工

ポケット部は仕上加工と同じくサブプログラムO2012，O2013を使用する．

オフセット番号D14のオフセット量は3.0とする．

```
O2030 (POCKET CF) ;
G90 G54 G00 X0 Y0 S2000 M3;
Z100.0;
Z10.0 M8;
X25.0;
Z2.0;
G01 Z-3.0 F200;
M98 P2013 D14;
G90 G00 X25.0 Y0;
G01 Z-8.0;
M98 P2012 D14;
G90 G00 Z100.0 M9;
X0 Y0 M5;
M30;
```

ここで，加工課題の加工サンプル，「Hotaka」を**写真3-8**，「Yari」を**写真3-9**，そして使用した工具一式を**写真3-10**に示す．

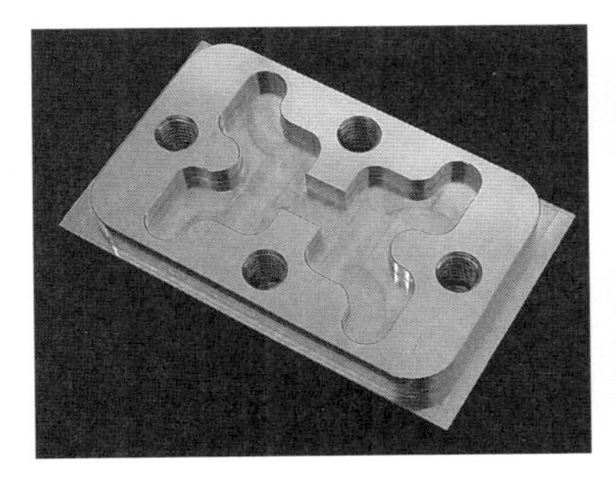

写真3-8　加工サンプル「Hotaka」

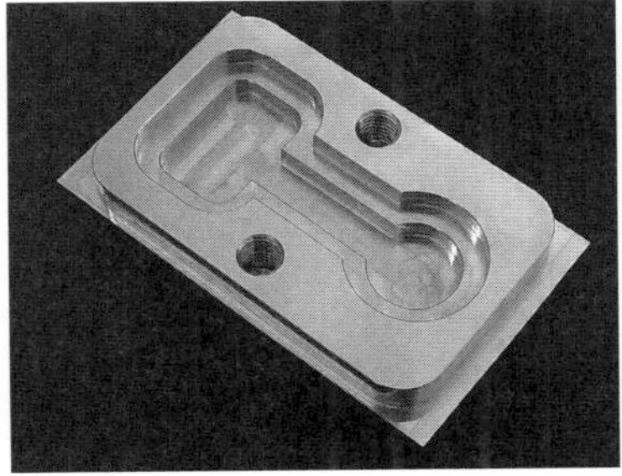

写真3-9　加工サンプル「Yari」

写真3-10　使用した工具一式

第4章の本旨，キーポイント

マシニングセンタはNCフライス盤の延長線上にある．特徴は多数の工具を自動的に交換しながら連続的に加工を行なうことである．

本章では，はじめに自動工具交換（Automatic Tool Change，略してATC）の指令方法，次いで工具長補正のしくみについて解説している．

第3章で取り上げた加工課題「Fuji」を，マシニングセンタで同じ7種類の工具を交換して連続的に加工するプロセスを説明する．ここでは完成品Fujiをなぞってマシニングセンタによる加工を確認する．NCプログラムは基本的に同じであり，ATCと工具長補正を入れて変えているところを理解する．呼び出す工具を間違えると機械は重大なトラブルになる．工具，データを整理し，Slow and Steadyで作業を進めるように心掛ける．

第4章

マシニングセンタによる加工

4

1　マシニングセンタ

1-1 マシニングセンタとは

マシニングセンタ（以下，**MC**）は，自動的に工具を交換しながらフライス加工，中ぐり加工，エンドミル加工，穴あけなどの各種加工を連続的に行なう多機能工作機械であり，汎用機による加工と比較すると3〜5倍の生産性向上をはかることができる．MCは主軸の方向によって2種類になり，垂直軸のものを**立形MC**，水平軸のものを**横形MC**という．

写真4-1（a）は，ベッドタイプ構造のフライス盤に自動工具交換装置を付加した立形MCである．上部中央に主軸頭，その横に自動工具交換装置，上部左側に**ツールマガジン**と呼ばれる工具格納装置がある．マガジンには切削工具が収納されている．工具交換が指令されると，指定された工具がマガジンから工具交換位置に割り出され，ATCアームによって主軸に装着される．右側から張り出したビームにぶら下がっている装置はペンダント操作盤であり，オペレータはこの操作盤により機械加工の操作を行なう．

この立形MCの特徴は，テーブルがベッド上に直接支持されているので剛性が高く，重量の大きい工作物を安定して保持し，耐スラスト荷重が大きく，重切削を行なうことができる．さらに，工作物の取付け・取外しなど段取作業が容易であること，加工状況が見やすく測定もしやすいなど操作性・接近性がよい．立形MCは切削液がかかりやすい反面，切りくずが工作物の上面に堆積して排出しにくいため長時間の無人運転には難点がある．

写真4-1（b）は，機械全体が**スプラシュガード**で覆われたタイプの立形MCである．主軸頭やテーブル，

（a）スプラッシュガードなし

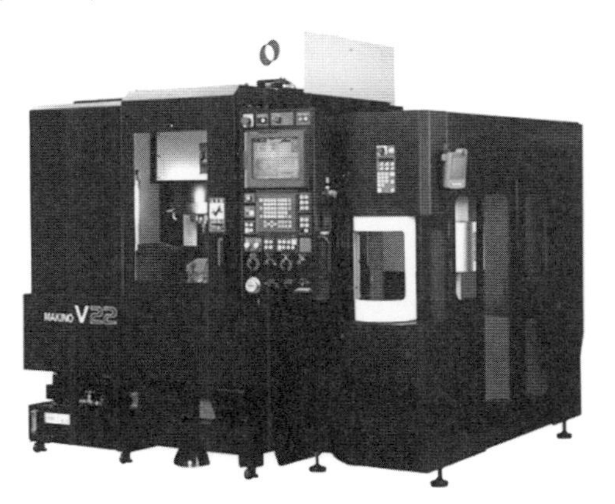

（b）スプラッシュガードあり

写真4-1　立形マシニングセンタ

コラム，ベッドなど内部の構造，機能は類似している．スプラシュガードは切りくずやクーラントの飛散を防止して工場内をクリーンにするうえで有効であり，安全面でも優れている．

横形MCは横主軸の機械本体にATCと工具マガジン，自動割出しテーブルと**パレットチェンジャ**，切削液供給装置，切りくず除去装置，主軸温度自動調整装置，スプラッシュガードなどを標準的に装備している．横形MCは自然落下で切りくずを排除しやすく，テーブル回転による多面加工，パレットチェンジャによる多種・多量の加工を連続的に行なう柔軟性を有し，高度に自動化された生産システムの中心的位置を占めている．

1-2 自動工具交換（ATC）

主軸に装着された工具をマガジンに返し，逆にマガジンに収納されている工具を主軸に装着する，この工具交換を自動的に行なう動作を**自動工具交換 Automatic tool Change**，略して**ATC**といい，M6で指令する．主軸側の工具交換位置，ATCポジションは通常Z軸

写真4-2　ツールマガジン

のプラスエンド，Z軸原点にある．

(1) 工具番号の登録

MCでは，フライス加工，エンドミル加工，穴あけなどの加工に多数の工具を使用する．これらの工具を識別するために番号をつける．これを**工具番号**といい，T1，T2，T3というように表わす．工具番号は工具の呼出し指令になる．

ツールマガジンには工具を収納するポットがあり，**写真4-2**はリング状に配置されたポットに1,2,3,4と順番に番号が付いている．使用する工具，たとえば正面フライスを1番のポットに入れるとT1，エンドミルを2番のポットに入れるとT2になる．このようにポットに収納することによって工具番号が決まり，登録される．

(2) 自動工具交換のプログラム

工具は次のようなフォーマットで呼出し，自動工具交換を行なう．

```
Txx；………工具の呼出し
M6；………自動工具交換
```

工具番号Txxを指令すると，指定された工具がはいっているポットがマガジン内で工具交換位置に割り出される．M6を指令すると，主軸の回転が停止し，オリエンテーションを行ないながらATCポジションに移動し，自動工具交換を行なう．

3本の工具を連続して交換するプログラムは次の通りである．

```
O301；
T1；
M6；
T2；
M6；
T3；
M6；
M30；
```

・**工具交換指令 M6 について**

上記の説明で，M6 は主軸回転停止，**オリエンテーション**（定角度位置決め）を行ないながら ATC ポジションに移動し，自動工具交換を行なう指令としたが，MC によってはここまでの動作を行なわない機種もある．その場合は取扱説明書に従って指令する．下記のプログラムはその一例である．

```
O8998 (ATC SUB) ;
G40 G80 M0 ;
G91 G28 Z0 M5 ;
G49 ;
M6 ;
M99 ;
```

1-3 工具長補正

(1) 工具長補正とは

長さが異なる複数の工具を使用する場合，主軸頭を Z 軸方向で同じ距離だけ下げて工作物に近づけると工具刃先の位置は**図 4-1** のようになる．プログラムで Z100.0 を指令して**図 4-2** のように工具刃先の位置を一定の位置に揃える方法として，これまではワーク座標系 G54 の Z の値を工具ごとに設定して対応した．この方法では主軸が最上端位置（Z 軸のプラスエンド）にあるときの工具刃先の位置から工作物上面までの距離の値にマイナス符号をつけてワーク座標系 G54 の Z に入力した．

この座標系設定によって工作物上面が Z0 になり，G90 G54 G00 Z100.0 ; の指令によって工具刃先が工作物上面から 100 mm に位置決めされた．NC フライス盤のように 1 本の工具で加工する場合はこの方法で対応できる．

しかし多数の工具を使用して連続的に加工を行なう MC においては不向きである．これに代わって採用される方法が工具長補正という機能である．

工具長補正の指令フォーマットは次のようになる．

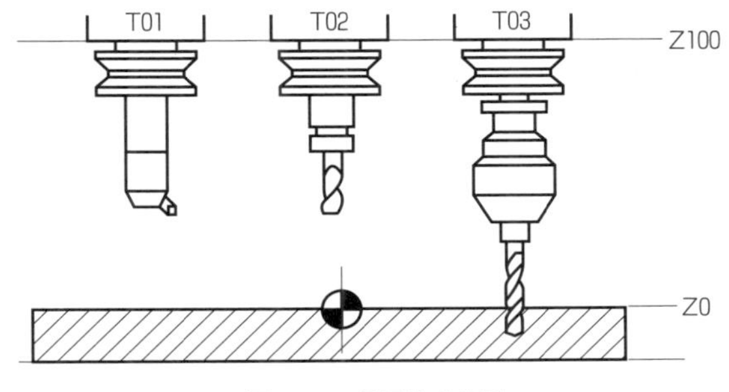

図 4-1　工具刃先の位置

G43 Z_ H_ ; ………工具長補正指令
G49 ; ………工具長補正キャンセル

G43 は工具長補正のコマンドであり，工具を H コードで設定された補正量だけ Z 方向にずらす（**オフセット**）．H コードは工具に対応したオフセット番号を指令する．

たとえば，T1 という工具の工具長をオフセットメモリの No.1 に設定した場合，プログラムでは H1 と指令する．G43 はモーダルな G コードであり，G49 の指令によって，キャンセルする．**モーダルな G コードとは**，1 度指令されるとその情報が記憶され，同じ

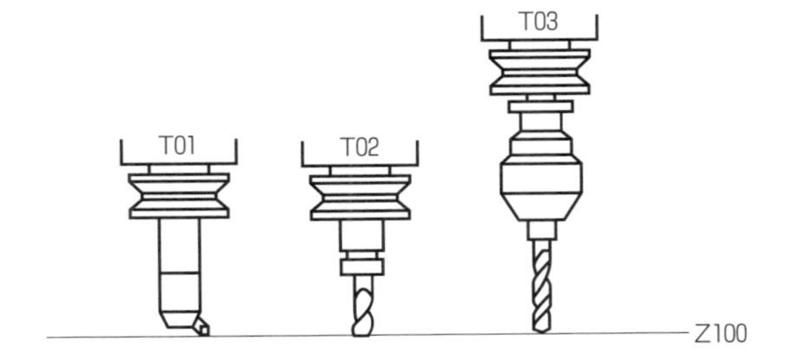

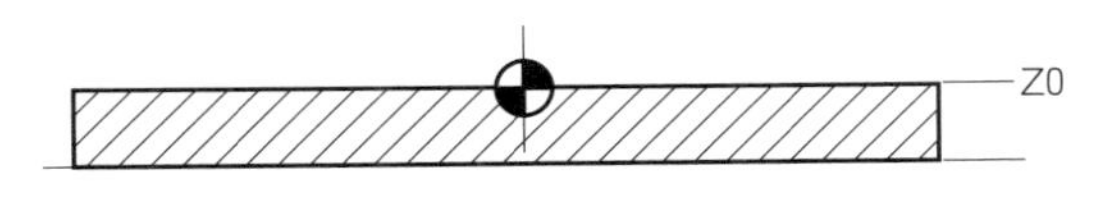

図 4-2　Z100.0 の指令による工具刃先の揃え

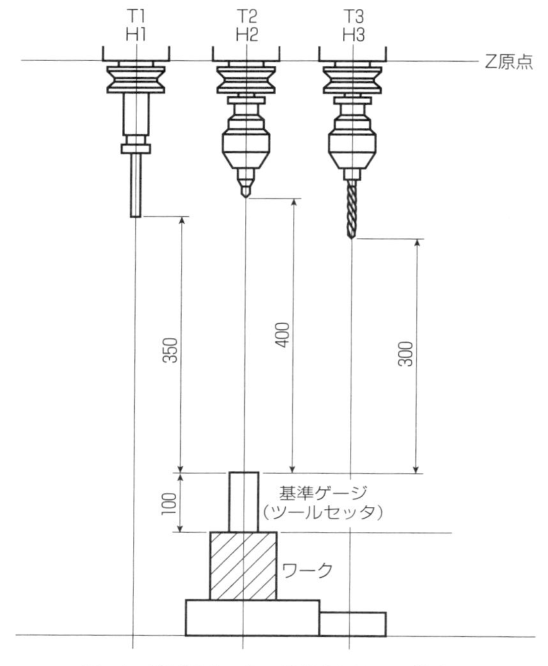

図4-3　機械原点から工作物上面までの移動量

グループのほかのGコードが指令されるまで有効であることをいう.

工具長補正を行なうためのワーク座標系と工具オフセットの設定には次の2つの方法がある.

①工具長がわからない場合

工具補正　　　　00123 N00000

番号	値	番号	値
001	-450.000	009	0.000
002	-500.000	010	-7.500
003	-400.000	011	12.000
004	5.000	012	-20.000
005	0.000	013	0.000
006	0.000	014	0.000
007	0.000	015	0.000
008	0.000	016	0.000

現在位置　(相対座標)

X	0.000	Y	0.000
Z	0.000		

>

MDI **** *** ***　　16 : 17 : 33

[オフセット] [セッティング] [座標系] [　　] [操作]

図4-4　オフセット量の入力

②工具長がわかっている場合(工具長を前もって測定する)

「①」は，上述のワーク座標系 G54 のZに入力した値をオフセット画面の各番号に入れて使用する方法である.「②」は，ツールプリセッタを用いてあらかじめ測定した工具長を，オフセット画面の各番号に入れて使用する方法である．機械加工の現場で実際に採用されている方法である．どちらの場合も最終的に使用するプログラムは同じである.

次に3種の工具を例にして，この工具長補正の考えかたを説明する.

(2) 工具長がわからない場合

①工具と工作物の位置関係

3種類の工具について機械原点から工作物上面までの移動量を**図4-3**のように仮定する．理解しやすいように数値を簡単にした.

②オフセット量の入力

あらかじめ機械原点から工作物上面までの移動量を測定する．オフセット画面を開き，オフセット番号1～3に**図4-4**のように入力する．オフセット量はこのようにマイナスをつけて入力する.

③ワーク座標系 G54 のZデータの入力

図4-5のようにZには0を入力する.

④工具長補正のプログラムの意味

図4-6でプログラム(a) G90　G54　Z0; を指令して

ワーク座標系設定　　　　00000 N00000

番号		値	番号		値
00 (EXIT)	X	0.000	01 (G54)	X	-100.000
	Y	0.000		Y	-50.000
	Z	0.000		Z	0.000

>　　　　S　0 T0000

MDI **** *** ***

12 : 12 : 48

[オフセット] [セッティング] [座標系] [　　] [操作]

図4-5　ワーク座標系のデータ入力

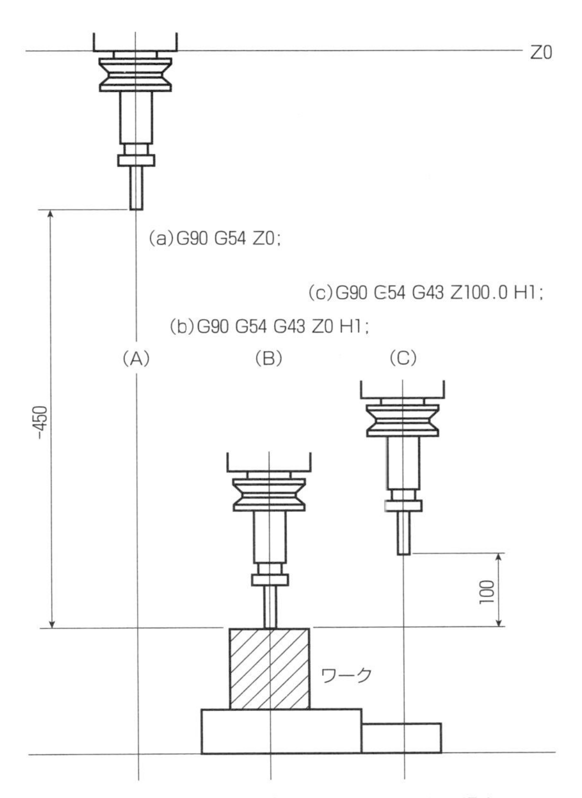

図4-6　工具長補正 ① 工具長がわからない場合

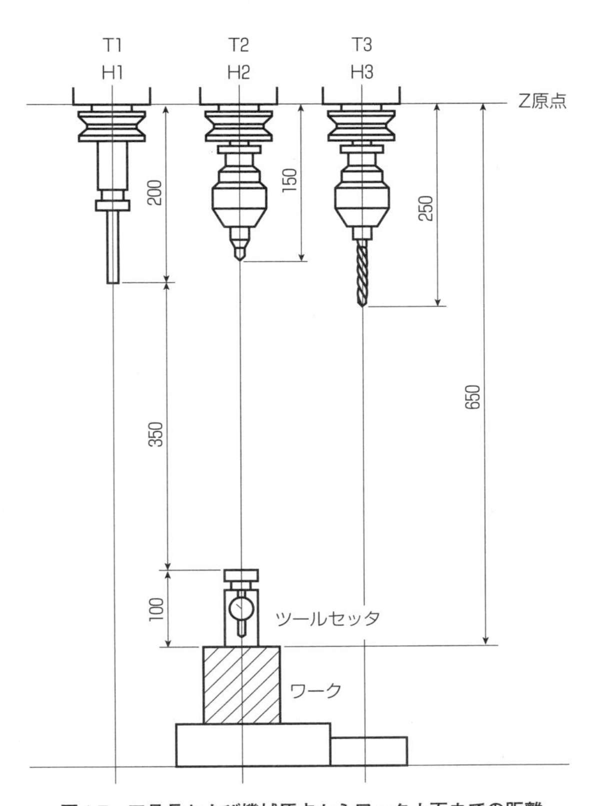

図4-7　工具長および機械原点からワーク上面までの距離

も工具は(A)のように移動しない．G43 H1を追加したプログラム(b) G90 G54 G43 Z0 H1; では，G43の指令によりH1に設定された数値 −450.000 だけマイナス方向にオフセットして工具位置は(B)のようになる．プログラム(c) G90 G54 G43 Z100.0 H1; は(b)のZ0の代わりにZ100.0を指令したものであり，このプログラムによってT1の工具は(C)のようになる．T2の工具の場合はプログラム(c)のH1の代わりにH2を指令する．

G90 G54 G43 Z100.0 H2 ;

T3の工具の場合は，H1の代わりにH3を指令する．

G90 G54 G43 Z100.0 H3 ;

この工具長補正は機上で行なうため，この作業を進めている間はほかの作業を行なうことができない．またZ軸原点(Z軸のプラスエンド)にワーク座標系のZ0を設定しているので，G90 G54 G00 Z100.0; を実行するとオーバートラベルのアラームになる．

(3) 工具長が既知の場合

①工具と工作物の位置関係

3種の工具の工具長および機械原点からワーク上面までの距離が**図4-7**のようになっていると仮定する．

②オフセット量の入力

あらかじめツールプリセッタで工具長を測定しておく．工具オフセット画面を開き，オフセット番号1～

工具補正　　　　　　　　　　　　　　00123 N00000

番号	値	番号	値
001	200.000	009	0.000
002	150.000	010	-7.500
003	250.000	011	12.000
004	5.000	012	-20.000
005	0.000	013	0.000
006	0.000	014	0.000
007	0.000	015	0.000
008	0.000	016	0.000

現在位置　(相対座標)
X　0.000　　Y　0.000
Z　0.000
>
MDI **** *** ***　　16 : 17 : 33
[オフセット] [セッティング] [座標系] [　　] [操作]

図4-8　オフセット量の入力

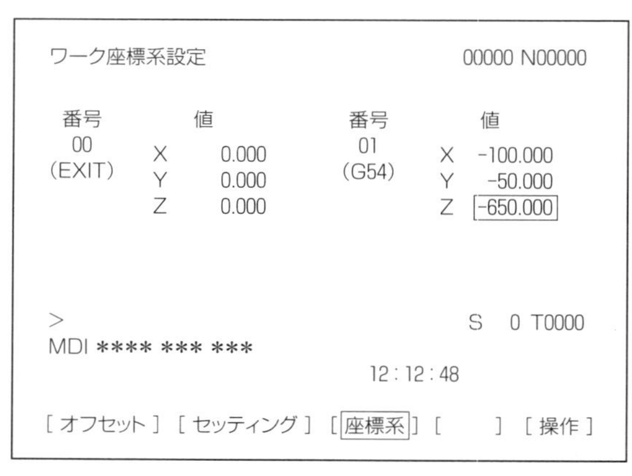

図4-9　ワーク座標系のデータ入力

3に図4-8のように入力する．

③ワーク座標系G54のZの入力

ワーク座標系G54のZの値は下式で求められる．

T1の工具長＋移動量＋基準ゲージ

200　＋　350　＋　100　＝　650

これよりG54のZには図4-9のように－650.000を入力する．

④工具長補正のプログラムの意味

プログラム(a) G90 G54 Z0; を指令すると工具は図4-10の(A)のように工作物の表面Z0より200mmもぐった状態になる．これに対して工具長補正G43 H1を追加したプログラム(b) G90 G54 G43 Z0 H1; ではG43の工具長オフセットの指令によりH1に設定された数値200mmだけプラス方向にオフセットして工具位置は(B)のようになる．

プログラム(c) G90 G54 G43 Z100.0 H1; は(b)のZ0の代りにZ100.0を指令したものであり，このプログラムによって，T1の工具は工作物上面より100mmのところに位置決めされる．この方式では従来のようにG90 G54 G00 Z100.0 ; と指令すると，工具が工作物に激突する危険があるので注意する．

T2の工具の場合はプログラム(c)のH1の代りにH2を指令する．

G90 G54 G43 Z100.0 H2 ;

またT3の工具の場合は，H1の代りにH3を指令．

G90 G54 G43 Z100.0 H3 ;

1-4 ATCと工具長補正

(1) 工具長補正の確認

工具長がわからない場合(工具長補正①)，工具長が既知の場合(工具長補正②)のいずれにおいても工具長補正によって長さの異なる工具の刃先位置を同一高さに揃えることができる．工具がATCポジションからスタートしてZ100.0の位置で5秒間停止し，ATCポジションに戻るプログラムを考える．

工具番号T1，オフセット番号H1としてプログラムは次のようになる．

```
O311 (T1) ;
G90 G54 G00 X0 Y0;   G54のX0 Y0の位置決め
G43 Z100.0 H1;       工具長補正
G04 P5000;           5秒間停止
G91 G28 Z0;          Z軸原点復帰
```

```
G49;                    G43のキャンセル
M30;
```

T1M6; を実行して主軸に工具を装着してからこのプログラムを呼び出してシングルブロック停止のモードで実行すると，工具先端が工作物上面100mmに位置決めされることを確かめることができる．

同様にT2のO312(T2)はO311のH1をH2に，T3はO313(T3)はO311のH1をH3に変えたプログラムになる．

(2) 工具長補正を含むATCのプログラム

3本の工具を自動交換し，各工具の刃先を加工のスタート点(0,0,100.0)に位置決めするプログラムをつくる．あらかじめ，前述の工具長補正のプログラムO311(T1)，O312(T2)，O313(T3)のM30をM99に変える．T1の例で示す．

```
O311 (T1);
G90 G54 G00 X0 Y0;
G43 Z100.0 H1;
G04 P5000;
G91 G28 Z0;
G49;
M99;
```

工具長補正を含むATCのプログラムは次のようになる．

```
O310;
T1 M6;
M98 P311;
T2 M6;
M98 P312;
T3 M6;
M98 P313;
M30;
```

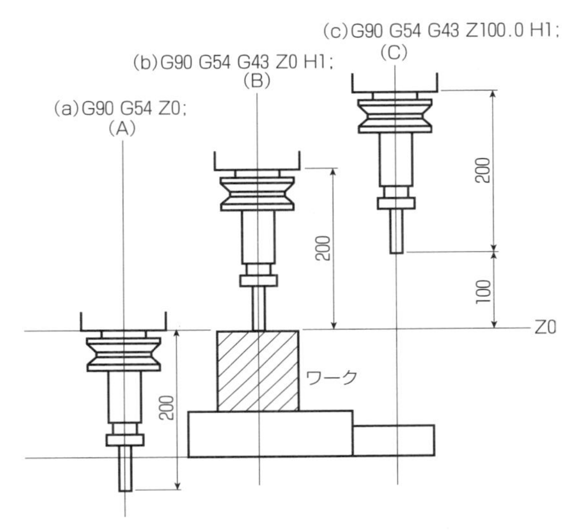

図4-10　工具長補正 ② 工具長が既知の場合

サブプログラムO311～O313のなかのG04P5000;のところを加工プログラムに変えると，極端にいえば，ATCによる連続加工ができることになる．

2　マシニングセンタ作業

2-1 加工前の工具準備

マシニングセンタ(以下，MC)作業では，NCフライス盤における加工課題「Fuji」をそのまま引継ぎ，使用工具もNCプログラムも基本的には同じものとし，工具自動交換の機能を使って連続的に加工するための作業を行なうこととする．

(1) 工具の選定とマガジンへの収納

課題Fujiでは7種類の工具を使用した．

1　正面フライスによる平面削り
2　直径ϕ25mmのエンドミルによる外周側面削り
3　直径ϕ12mmのエンドミルによるポケット加工
4　センタドリルによるセンタ穴のもみつけ
5　ツイストドリルによる深穴あけ
6　面取り工具による面取り
7　タップによるめねじの加工

これらの工具を**表 4-1** のように整理する．工具はBT シャンク，HSK シャンクなど自動工具交換が可能なタイプとする．

①マガジンへの工具の収納

工具をマガジンのポットに直接収納できる場合，正面フライスを切欠きの位相を合わせてポット番号No.1 に装着すると，固定番地方式であれば工具番号は T1 になる．以下，順に T2，T3 と収納する．

マガジン側に特定の工具収納ポジションがあり，マガジン操作盤があって工具を収納する方式である場合は，その取扱い方式にしたがって T1，T2，T3 と順に工具を収納する．

主軸側で工具を装着する方法もある．この場合はMDI モードで T1 M6；を実行すると T1 の工具が主軸に装着したことになる．工具アンクランプ釦（ボタン）を押し，T1 と決めた正面フライスを，位相を合わせて主軸に挿入し，工具クランプ釦を押して工具をクランプする．以下，T2 M6;，T3 M6；を順に実行してマガジンに工具を収納する．

②主軸のオリエンテーション

主軸を回転方向で特定の角度に位置決めすることを**オリエンテーション**という．工具との位相を合せるために必要な機能である．

表 4-1　工具の整理

	工具番号	工具名称	記号寸法	工具長 補正番号	工具径 補正番号
1	T1	正面フライス	FM80	H1	
2	T2	2枚刃エンドミル	SEM25	H2	D21
3	T3	2枚刃エンドミル	SEM12	H3	D22
4	T4	センタドリル	CD	H4	
5	T5	ツイストドリル	DR	H5	
6	T6	面取り	CH	H6	
7	T7	タップ	TAP	H7	

③プログラムによる工具番号の確認

工具をマガジンに収納したら下記のプログラムを実行し，工具と工具番号が対応していることを確認する．

```
O321；
T1M6；
T2M6；
T3M6；
・・・・
・・・・
T7M6；
M30；
```

プログラムで指定した工具番号に対して異なる工具が呼び出された場合，工具や工作物の破損，治具・取付け具の損傷，機械本体の損傷など大きな事故になる危険がある．一本ずつ確認して作業を進めることが大切である．

(2) 工具長補正量の入力と確認

工具長補正量はオフセット画面で設定し，オフセット番号 1，2…に対応して H1，H2…と指令する．工具長補正量の設定で前提にしていることは，加工課題Fuji の完成品を使うことである．

MC の場合の加工原点は，X，Y についてはNC フライス盤の場合と同じであるが，Z 軸の高さ方向については正面フライスで加工した面を新しい基準面 Z0 にする．T2 以降の工具は，この基準面に対して補正量を測定する．T1 の正面フライスも同じ基準面を適用して補正量を設定する．

ATC による連続加工の第一段階は，すでに加工された部分を正確になぞることによって確認する．正面フライスによる加工も上記の基準面をなぞるようにプログラムを変更して確認する．

①補正量の測定

はじめは，側面削りを行なうエンドミル T2 の補正量の測定である．これは，NC フライス盤作業のワーク座標系設定の際に示した**図 4-11** の関係がそのまま適用される．

基準ゲージを使って機械原点にあるときの刃先位置から工作物上面までの距離を測定する．図4-11のような関係になった場合，NCフライス盤の作業ではワーク座標系G54のZに－445.370を入力した．MCでは図4-12のオフセット画面の2のところに入力し，NCプログラムではH2と指令する．

②工具長補正の確認

補正量を入力したら，下記のプログラムによって工具長補正を確かめる．

```
O602 (T2) ;
G90 G54 G00 X0 Y0 ;
G43 Z100.0 H2 ;
G04 P5000 ;
G91 G28 Z0 ;
G49 ;
M30 ;
```

はじめはシングルブロックで運転し，工作物から100mm上に位置決めされることを確かめる．G04 P5000；は5秒間停止する指令である．確認できたらM30をM99に変える．自動工具交換と工具長補正を連続的に行なう準備である．

T3以降の工具についても，自動工具交換を行なって主軸に呼出し，同様の手順で測定し，オフセット画面の対応する番号に入力し，プログラムによって工具長補正を確かめる．求めている補正量は，NCフライス盤作業で各工具についてワーク座標系G54のZに入力する値と同一である．したがってその作業中に数値を記録しておけばそのまま使用することができる．

③正面フライスT1の補正量

正面フライスについては以下の考慮が必要である．

正面フライス作業で加工基準Z0とした平面は仮の基準であり，正面フライスで削り出された平面が新しい加工基準となる．MCでの正面フライスによる平面削りは，基準面を出す加工とみなすことができる．

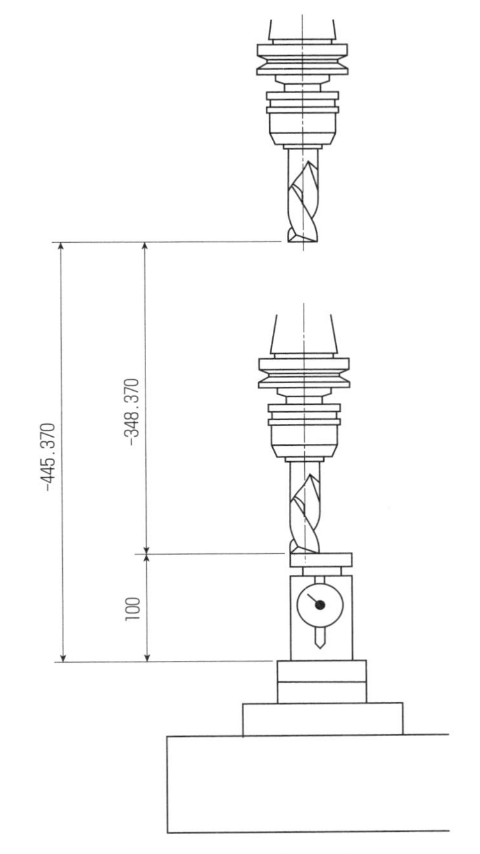

図4-11　ワーク座標系のZ原点

工具補正　　　　　　　　　　　　　　　O0123 N00000

番号	値	番号	値
001	0.000	009	0.000
002	-445.370	010	-7.500
003	0.000	011	12.000
004	5.000	012	-20.000
005	0.000	013	0.000
006	0.000	014	0.000
007	0.000	015	0.000
008	0.000	016	0.000
現在位置	(相対座標)		
X	0.000	Y	0.000
Z	0.000		

>
MDI **** *** ***　　　16 : 17 : 33

[オフセット] [セッティング] [座標系] [　　] [操作]

図4-12　オフセット画面

正面フライスの補正量はこの新しい基準面に対して測定し，その値をオフセット画面の No. 1 に入力する．平面削りの NC プログラムもこの基準面を Z0 とするように変更する必要がある．

(3) ATCと工具長補正

ATC によって工具を交換し，各工具について工具長補正機能により工作物上面から 100mm 上に位置決めすることを確かめる．

①工具番号と補正番号と工具長補正量

使用工具の工具番号，補正番号，補正量を**表 4-2** のように整理する．補正量は，NC フライス盤による加工でワーク座標系 G54 の Z に入力していた値である．T1 の正面フライスの補正量のみ ATC 用に測定しなおす．

② ATC と工具長補正

メインプログラムは下記のようにする．

```
O600 ;
T1 ;
M6 ;
M98 P601 ;          正面フライス
T2 ;
M6 ;
M98 P602 ;          φ 25 エンドミル
T3 ;
M6 ;
M98 P603 ;          φ 12 エンドミル
T4 ;
M6 ;
M98 P604 ;          センタドリル
T5 ;
M6 ;
M98 P605 ;          ツイストドリル
T6 ;
M6 ;
M98 P606 ;          面取り工具
T7 ;
M6 ;
M98 P607 ;          タップ
M30 ;
```

表 4-2　使用工具の工具番号，補正番号，補正量

	工具番号	記号寸法	補正番号	補正量	プログラム
1	T1	FM80	H1	-477.932	0601
2	T2	SEM25	H2	-445.370	0602
3	T3	SEM12	H3	-456.763	0603
4	T4	CD	H4	-478.642	0604
5	T5	DR	H5	-431.980	0605
6	T6	CH	H6	-466.658	0606
7	T7	TAP	H7	-471.755	0607

各工具の工具長補正には，「(2)」の O 601 ～O 607 のプログラムをサブプログラムにする．下記は T1 の例である．

```
O601 (T1) ;
G90 G54 G00 X0 Y0 ;
G43 Z100.0 H1 ;
G04 P5000 ;
G91 G28 Z0 ;
G49 ;
M99 ;
```

はじめはシングルブロックで運転し，工作物から 100mm 上に位置決めされることを確かめる．T2 以降の工具についても，自動工具交換を行なって主軸に呼出し，同様の手順で測定し，オフセット画面の対応する番号に入力し，プログラムによって工具長補正を確かめる．

2-2 NC プログラムの準備

NC プログラムは，各工具の加工用メインプログラムをすべてサブプログラムにし，使用工具を順次呼び出して自動工具交換して加工を行なうメインプログラムを新たに用意する．

各工具のメインプログラムを次のように変更する．

①ATC後工具長補正を指令してZ軸を位置決めしてからXY平面の位置決めを行なう

```
[例]  G90 G54 G43 G00 Z100.0 H1 S1200 M3 ;
      X0 Y0 ;
```

②加工後，ATC POSに戻る指令を付加し，サブプログラムにする

```
[例]  M30  →  G91 G28 Z0 ;
              G49 ;
              M99 ;
```

③NCフライス加工の時のプログラム番号と区別するため1000を加えたものにする

```
[例]  O211  →  O1211
```

メインプログラムは，使用工具を順次呼び出して自動工具交換し，工具の加工用サブプログラムを呼び出すように作成する．

(1) メインプログラム

メインプログラムO1201を下記のように作成する．

```
O1201 ;
T1 ;
M6 ;
M98 P1211 ;  正面フライスによる平面削り
T2 ;
M6 ;
M98 P1221 ;  エンドミルによる側面削り
T3 ;
M6 ;
M98 P1231 ;  エンドミルによるポケット加工
T4 ;
M6 ;
M98 P1241 ;  センタ穴加工
T5 ;
M6 ;
M98 P1251 ;  ドリルによる深穴加工
T6 ;
M6 ;
M98 P1261 ;  面取り
T7 ;
M6 ;
M98 P1273 ;  めねじ加工(リジッドタップ)
M30 ;
```

M6は工具交換指令である．

NCフライス盤による加工で使用したプログラムをMCによる加工でもそのまま使用する．それらのプログラムを表4-3に挙げる．

(2) 加工用プログラム

①正面フライス(T1)による平面削りのプログラム

O211と区別するためO1211とし，下記のように作成する．

```
O1211;
G90 G54 G43 G00 Z100.0 H1 S1200 M3;
X0 Y0 ;
X100.0 Y-25.0;
Z5.0;
G01 Z0 F500;
X-100.0 F680;
G00 Y25.0;
```

表4-3　NCフライス盤による加工プログラムからの流用

	工具番号	工具名称	プログラム番号
1	T1	正面フライス	
2	T2	2枚刃エンドミル	
3	T3	2枚刃エンドミル	0232　0233
4	T4	センタドリル	0242　0243
5	T5	ツイストドリル	0252　0243
6	T6	面取り	0262　0243
7	T7	タップ	0272　0274　0243

```
G01 X100.0;
G00 Z100.0;
X0 Y0 M5;
G91 G28 Z0;
G49;
M99;
```

② φ25 エンドミル(T2)の側面削りのプログラム

O221 と区別するため O1221 として作成する.

```
O1221 ;
G90 G54 G43 G00 Z100.0 H2 S1750 M3 ;
X0 Y0 ;
G91 G00 Y-60.0 ;
Z-95.0 ;
G01 Z-15.0 F500 ;
G41 X20.0 Y12.0 D21 F350 ;
G03 X-20.0 Y20.0 I-20.0 ;
G01 X-35.0 ;
G02 X-10.0 Y10.0 J10.0 ;
G01 Y36.0 ;
G02 X10.0 Y10.0 I10.0 ;
G01 X70.0 ;
G02 X10.0 Y-10.0 J-10.0 ;
G01 Y-36.0 ;
G02 X-10.0 Y-10.0 I-10.0 ;
G01 X-35.0 ;
G03 X-20.0 Y-20.0 J-20.0 ;
G40 G01 X20.0 Y-12.0 ;
G00 Z110.0 ;
Y60.0 M5 ;
G91 G28 Z0 ;
G49 ;
M99;
```

③ φ12 エンドミル(T3)用プログラム

O231 と区別するため O1231 として作成する. O232 と O233 の 2 つのサブプログラムはそのまま使用する.

```
O1231 ;
G90 G54 G43 G00 Z100.0 H3 S3450 M3 ;
X0 Y0 ;
/M8 ;
M98 P232 (CIRCLE ) ;
M98 P233 (CROSS) ;
M9 ;
M5 ;
G91 G28 Z0 ;
G49 ;
M99 ;
```

④センタドリル(T4)用プログラム

O241 と区別するため O1241 として作成する. O242 と O243 の 2 つのサブプログラムはそのまま使用する.

```
O1241 ;
G90 G54 G43 G00 Z100.0 H4 S2300 M3 ;
X0 Y0 ;
/M8 ;
M98 P242 ;
M9 ;
M5 ;
G91 G28 Z0 ;
G49 ;
M99 ;
```

⑤ドリル(T5)による深穴加工用プログラム

O251 と区別するため O1251 として作成する. O252 と O243 の 2 つのサブプログラムはそのまま使用する.

```
O1251;
```

```
G90 G54 G43 G00 Z100.0 H5 S1900 M3;
X0 Y0 ;
/M8;
M98 P252;
M9;
M5;
G91 G28 Z0;
G49;
M99;
```

⑥面取り工具(T6)による面取り用プログラム

O261と区別するためO1261として作成する．O262とO243の2つのサブプログラムはそのまま使用する．

```
O1261 ;
G90 G54 G43 G00 Z100.0 H6 S300 M3 ;
X0 Y0 ;
/M8 ;
M98 P262 ;
M9 ;
M5 ;
G91 G28 Z0 ;
G49 ;
M99 ;
```

⑦タップ(T7)によるめねじ加工用プログラム

[タッパ使用の場合]

O271と区別するためO1271として作成する．O272とO243の2つのサブプログラムはそのまま使用する．

```
O1271 ;
G90 G54 G43 G00 Z100.0 H7 S300 M3 ;
X0 Y0 ;
/M8 ;
M98 P272 ;
M9 ;
M5 ;
G91 G28 Z0 ;
G49 ;
M99 ;
```

[リジッドタップの場合]

O273と区別するためO1273として作成する．O274とO243の2つのサブプログラムはそのまま使用する．

```
O1273 ;
G90 G54 G43 G00 Z100.0 H7 S1000 M3 ;
X0 Y0 ;
/M8 ;
M98 P274 ;
M9 ;
M5 ;
G91 G28 Z0 ;
G49 ;
M99 ;
```

2-3 ATCによる連続加工運転

(1) テストランニング

工具，プログラムが用意できたら，安全な高さでテストランニングを行なう．

1　外部原点オフセットの座標系のZに100.0を入力
2　シングルブロック　ON
3　早送りオーバーライド　MIN
4　切削送りオーバーライド　0%
5　プログラムチェック画面

T1～T7の各工具の加工はすでに行なわれているため，加工のプログラムに入ったらシングルブロックOFF，切削送り100%で運転できる．ATC後工作物に近づく動作では，シングルブロックで確認しながら行なう．新しいプログラムではどこに誤りがあるかわからないからである．

100mm 上でのチェックで問題ないことを確認したら，外部原点オフセットのZを20.0，10.0と変えて工作物により近い位置で確かめる．

(2) 連続加工運転

外部原点オフセットの座標系のZを0にすると，ATCによる連続加工運転は切りくずを出すことなくNCフライス盤で加工したところをなぞるように動作する．これによって加工の再現性を確かめる．

この工作物の追加工が可能であれば，少し切りくずを出す加工を行なうことによってATCによる連続加工を確認する．外部原点オフセットの座標系のZに−0.1，オフセット番号21の12.5を，12.4，22の6.0を5.9に変えて，深さ方向に0.1，半径方向に0.1追い込んで加工して確認する．

以上によりATCによる連続加工作業は一通り終了する．新しい工作物をストッパなどにより正確に位置決めして取付け，サイクルスタート釦を押すことにより最初から連続加工を行なうことができる．MCによる量産加工においては，加工精度と加工時間が重要になり，プログラムや加工法を更に検討し，改良する必要があるが，これは次の段階の学習にする．

JIMTOF雑感

２年ごとに東京ビッグサイト（東京国際展示場）で開催される工作機械の見本市，JIMTOF2018に行き，日本の主な工作機械メーカーの出品が展示されている東１～８ホールを見て回った．

IoT(Internet of Things，モノのインターネット）が前回2016年のJIMTOFを特徴づける流行語だったのに対して，今回は人工知能AI(Artificial Intelgence)という語が特徴的らしく，いくつかのブースで行なわれたプレゼンテーションや映像を通してその具体的な姿，実態，風潮をおぼろげながら理解した．

具体的な加工機械では，主軸回転・送り速度の高速化，とくに早送り速度の高速化で主軸頭・テーブルが高速で旋回し，ATC動作が俊敏であった．１つのミスが機械を破壊する怖さも感じた．マシニングセンタの工作物の搬入・搬出にロボットを接続させたシステムも多数展示されていた．

５軸制御マシニングセンタが前回にも増して数多く出展されていたのが印象的だった．テーブル・パレット・工作物側が２軸旋回する５軸制御機と，主軸側が２軸旋回する５軸制御機があり，技術の高さに驚嘆する．

機械に対応する高度な利用技術・ユーザーテクノロジも必要であり，CAD/CAMのブースには大勢の人が集まり，熱心に質疑応答していた．

第5章の本旨，キーポイント

第 3 章の「Fuji」の加工では，加工に必要な範囲で NC 画面，押釦スイッチ，キーなどの図を出して説明したが，それらが機械の操作盤のどこに配置されているか，には触れなかった．

第 5 章では，『牧野フライス製作所』が 2000 年頃に生産していた立形マシニングセンタ「V33」を使って，機械電源投入，NC 装置立上げから操作盤の表示画面，押釦スイッチ，キーなどの配置，さらに手動運転と自動運転の操作について説明している．

手動運転は NC プログラムなしの運転，自動運転は NC プログラムを用いた運転である．自動運転の MDI 運転，メモリ運転の操作ができるようになると加工のための操作が容易になる．これらの機械が近くにあれば，担当者あるいは先輩に使いかた，操作の手ほどきを受けるとよい．

第5章

機械の運転

1 NC機械

ここでは，本文に記述した加工実習において使用するNC機械について手動運転，自動運転を行なうための操作を説明する．

1-1 概 要

(1)外 観

写真5-1の機械は牧野フライス製作所製，立形マシニングセンタ「V33」である．移動量は，X軸600mm，Y軸400mm，Z軸350mmで本体左側に収容工具15本のツールマガジンがある．右側には操作盤がある．

加工実習では，はじめはNCフライス盤として各種NC加工を行ない，その後マシニングセンタとして複数の工具を自動的に交換して加工を行なう．

写真5-1 立形マシニングセンタV33

(2)電源の投入と遮断

機械本体の背面にある**主電源スイッチ**を投入し，続いて前面の操作盤の**制御電源**(**NC電源**ともいう)を投入して機械を立ち上げる．

①主電源の投入

機械本体の背面にある制御盤の主電源スイッチのレバーをON側に倒して機械に電源を投入する．確認ランプが点灯する(**写真5-2**)．

②制御(NC)電源の投入

主操作盤(**写真5-3**)の最上部最右側にある**図5-1**の制御電源の押釦(おしボタン)スイッチを押してNC電源を投入する．操作盤上部の表示画面が点灯し，しばらくすると機械が立ち上がったことを示す初期画面が表示される．

③電源の遮断

機械を停止させるときは，制御電源を遮断し，ついで主電源を遮断する．

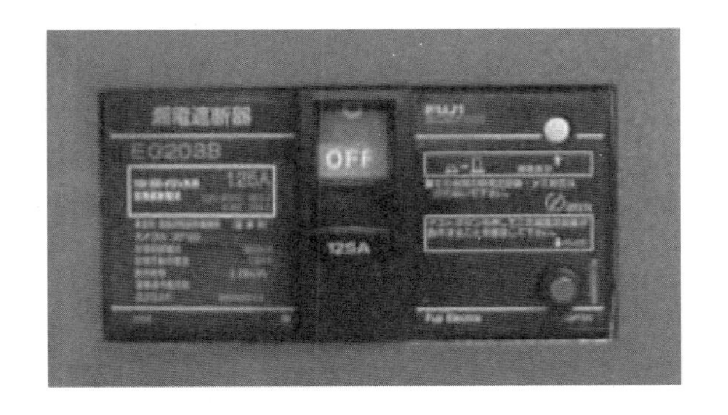

写真5-2 主電源スイッチ

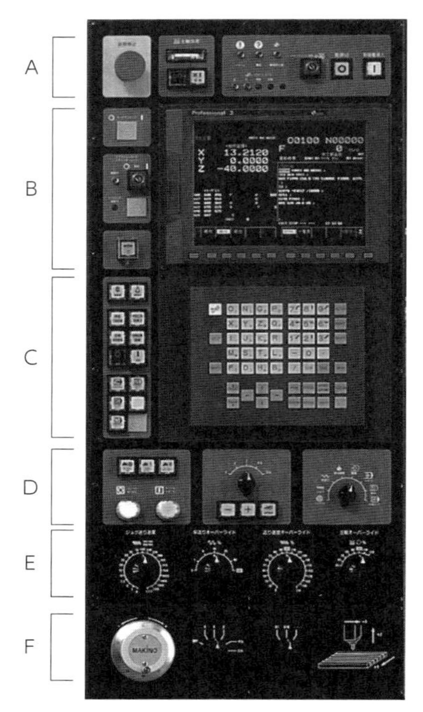

写真5-3　主操作盤

1-2 主操作盤

写真5-3にNC機械の**主操作盤**の全体を示す.

主操作盤を上段AからB, C, D, E, Fに大別して, 機械の運転操作に必要な範囲で簡単に説明する.

上段「A」は図5-2のようになっており, 右端に制御電源「入」と「切」, メモリプロテクト解除キー, 主軸起動・停止の釦などがある. 左端に非常停止釦があり, 機械を緊急停止する際に使用する.

上段・下「B」の右側には, **表示盤**(**ディスプレイ**)があり, NCプログラムをはじめ, 位置表示, オフセット, ワーク座標系など各種データが表示される. 表示盤の下側に**ソフトキー**がある.

中段・上「C」の右側にはNC操作盤があり, **MDI**(**Manual Data Input**という), **アドレス / 数値キー**, **編集キー**, **機能キー**など多数のキーが配置されている. 次の項目「1-3」で説明する. 左側に図5-3のようなNC機能釦がある. **シングルブロック**停止釦はプログラムチェック, 実際の加工のときに使用する.

中段・下「D」には, **運転モード**選択スイッチ, **軸選択**スイッチ, **サイクルスタート**, **フィードホールド**の押釦スイッチがある. 運転モード選択スイッチは, 手動運転・自動運転のモード切換えに使う(第2節と第3節で詳細を説明). サイクルスタート, フィードホールドは自動運転に使う.

下段・上「E」には右側から, **主軸速度オーバライド**, **送り速度オーバライド**, **早送りオーバライド**, **ジョグ送り速度設定**の4つの**ロータリスイッチ**がある.

最下段「F」(ハンドル送り操作)には, 左から**パルス発生ダイヤル**, **軸選択スイッチ**, **送り量設定スイッチ**がある.

1-3 NC操作盤

前項目の主操作盤の中段・上「C」のMDIの詳細を図5-4に示す.

①アドレス / 数値キー

NCプログラム, 数値データの入力時このキーを押す.

図5-1　制御電源入の押釦

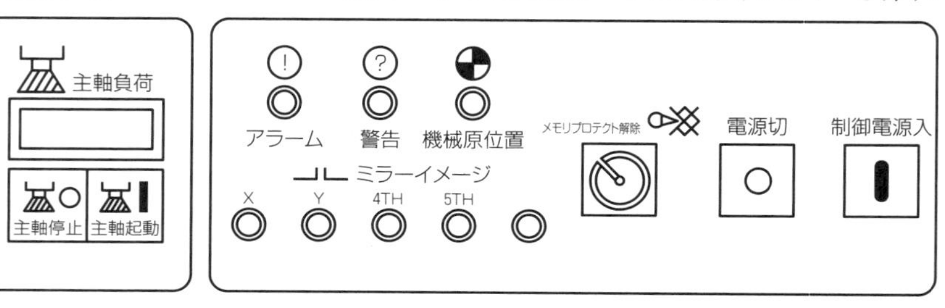

図5-2　制御電源入切と機械表示

②編集キー

ALTER（**変更**），**INSERT**（**挿入**），**DELETE**（**削除**）の3つがある．プログラムの入力，変更，削除にはこのキーを押す．ここには**CAN**（**キャンセル**）キー，**INPUT**（**入力**）キーがある．

③機能キーには**POS**（**位置**），**PROG**（**プログラム**），**OFFSET**（**オフセット**）/**SETTING**（**セッテング**）など8つのキーがある．現在位置を見るときは「POS」を押す．プログラムの編集には「PROG」を押す．オフセット入力・ワーク座標系入力には「OFFSET」を押す．

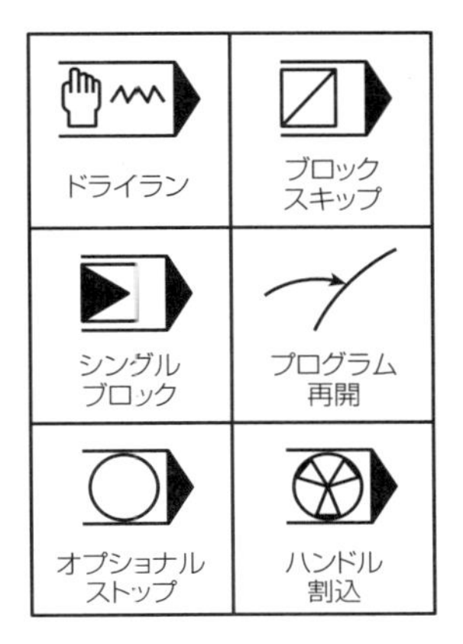

図5-3　NC機能釦

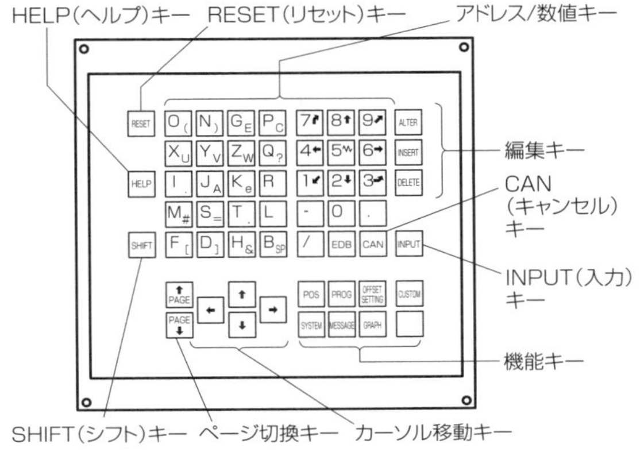

図5-4　NC操作盤

④**カーソル移動キー**はカーソルを上下左右に移動させる．**ページ切換え**キーは複数頁のプログラムのサーチに使う．

⑤**リセットキー**はNCアラームの解除，カーソルをスタート位置に戻す時に押す．

2　手動運転

機械の運転では次のことを基本にしている．NC機では，「工作物は固定し，工具が移動する」という考えに基づいて加工が行なわれること，工具の移動は「右手直交座標系に基づいて親指，直交する人差し指，中指がX，Y，Zに対応して3軸を構成し，各指の先端方向がプラスの方向になる」との原則で運転する．この関係を図5-5，図5-6に示す．

親　　指　X軸
人差し指　Y軸
中　　指　Z軸

手動運転はNCプログラムなしで機械を動かす操作であり，**原点復帰**，**早送り**，**ジョグ送り**（**切削送り**），**ハンドル送り**の4つのモードがある．図5-7の「運転モード選択スイッチ」の左側から選択する．

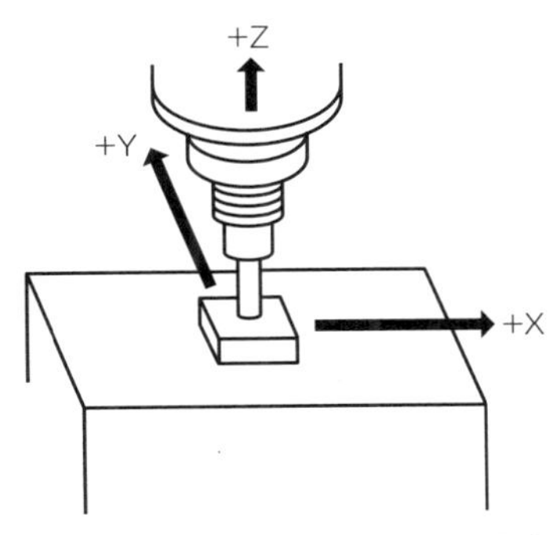

図5-5　工作物固定・工具移動の原則

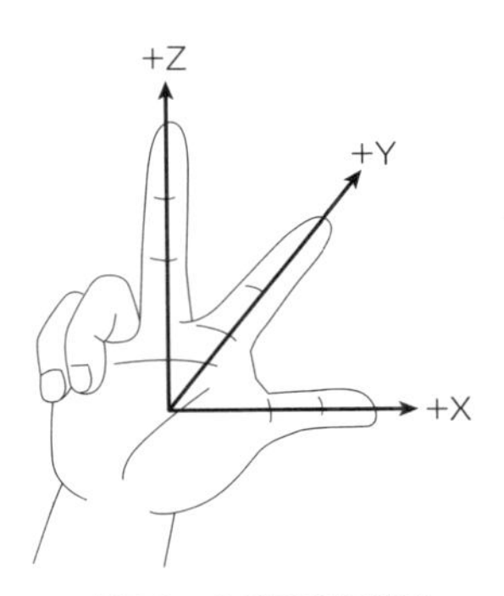

図5-6　右手直交座標系

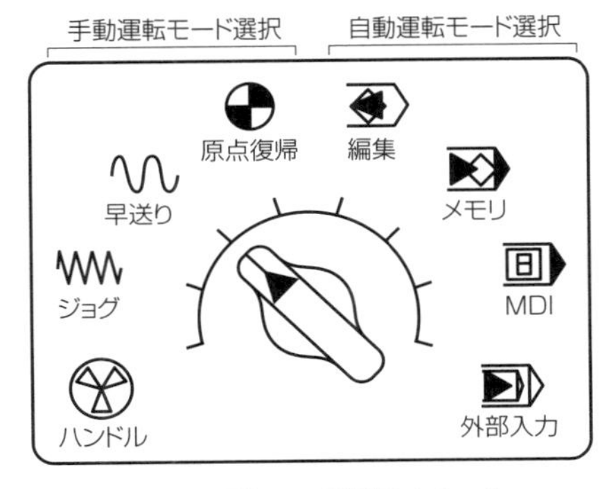

図5-7　運転モード選択スイッチ

2-1 原点復帰

NC 機械には加工領域内の工具の位置を表わす座標の基準となる固有の点があり，これを**機械原点**という．機械原点に位置決めすることを**原点復帰**といい，機械を立ち上げたときに機械原点を確認するためにこの操作を行なう．

最近の NC 機は機械を立ち上げたときに自動的に原点復帰を行なう機能があり，必ずしもこの操作を必要としない．

原点復帰の操作は次のように行なう．

①主操作盤(中段･下「D」)の「運転モード選択スイッチ」を原点復帰に合わせる(図 5-7)．

②軸選択を X，Y，Z のいずれかに合わせる．たとえば**図 5-8** のように X 軸に合わせると X 軸が有効になる．

③原点復帰の動作は早送り速度で動く．

図 5-9 の「早送りオーバライドスイッチ」を最小にセットする．

④主操作盤の「軸選択スイッチ」の下にある**図 5-10** の押釦スイッチのプラスを押して，原点復帰動作を実行する．

⑤原点復帰を Y 軸，Z 軸についても同様に行なう．

2-2 早送り

早送りは機械の持つ最高速度での移動である．前述の「 2-1 原点復帰 」の操作により X，Y，Z 3 軸ともストロークのプラスエンドにあるため，X 軸から Y，Z の順に，早送りで，ストロークのほぼ中央位置に戻

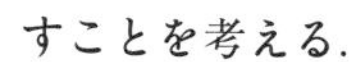

すことを考える．

①主操作盤の「運転モード選択スイッチ」を早送りに合わせる(図 5-7)．

②「軸選択スイッチ」を X に合わせる

③下段･上「E」の「早送りオーバライドスイッチ」が有効になる．早送りオーバライド 100％は非常に速い速度であり，通常の操作では 10％くらいにすると無難である．

④軸送り釦の「－」を押す．この釦を押している間だけ X 軸のマイナス方向に 2000mm/min くらいの送り速度でストロークの中央あたりまで移動する．

⑤「＋」釦を押してプラス方向に動くことを確かめる．

⑥ Y 軸、Z 軸についても同様に行なう

2-3 ジョグ送り(手動切削送り)

「軸選択スイッチ」で選択された軸が，軸送り釦を押している間，**図 5-11** の「ジョグ送り速度設定ダイアル」で設定された送り速度で，移動する．X 軸のプラス方向に送り速度 400mm/min で送ってみる．

①主操作盤の「運転モード選択スイッチ」をジョグに合わせる．

②「軸選択スイッチ」を X に合わせる．

③軸送り釦の＋を押している間だけ 400mm/min の送り速度で移動する．放すと送りは停止する．

④ NC 操作盤の機能キー「POS」(図 5-4) を押して現在位置表示画面を出し，400mm/min で移動することを確かめる．

図 5-8　軸選択スイッチ

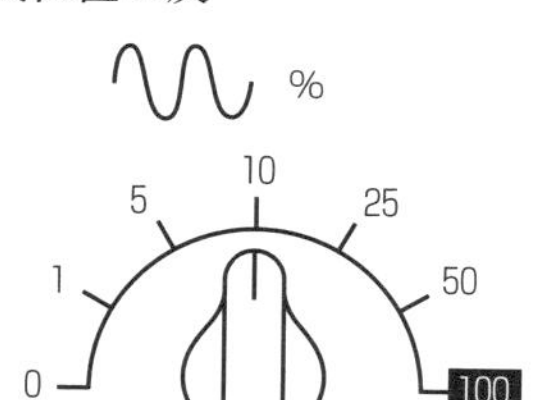

図 5-9　早送りオーバライドスイッチ

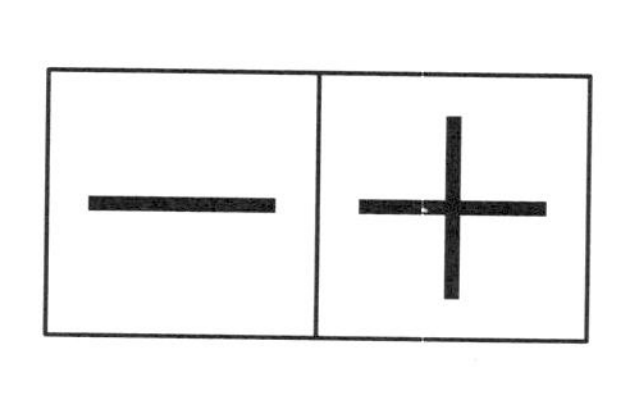

図 5-10　軸送り釦

2-4 ハンドル送り

ハンドル送りは，工作物の取付けのときの通り出しや加工基準位置の設定，工具合わせなどいろいろな状況で使う(**図 5-12**)．操作の手順は次のようになる．

①主操作盤(中段･下「D」)の「運転モード選択スイッチ」をハンドルに合わせる(図 5-7)．

②図 5-12 より「軸選択スイッチ」を回して軸を選択する．

③「送り量設定スイッチ」でパルス発生ダイアル 1 目盛当りの送り量を設定する．× 1000 に合わせると 1 目盛 0.1mm の送り量になる．

④「パルス発生ダイアル」を時計回りに回すとプラス方向に，反時計回りに回すと「－」方向に，回す速さに応じた送り速度で回した量だけ移動する．「＋」方向，「－」方向は右手直交座標系による．Y 軸あるいは Z 軸に切り換えて確かめる．

3 自動運転

自動運転とは，NC プログラムで運転することである．プログラムを登録し，「サイクルスタート」釦を押すと機械は自動的に動く．その**運転形態**を**モード**という．自動運転には **MDI 運転**モード，**メモリ運転**モード，**外部入力運転**モードの 3 種類がある．

内容は次の通りである．

① MDI 運転モード

加工スタート点への移動，主軸回転，原点復帰，自動工具交換など簡単な動作を行なう場合に使用する．アドレス / 数値キーを使って 1 ブロックから数ブロックのプログラムを作業者が手で入力する．**MDI** は **Manual Data Input**（**手動データ入力**）の略である．

入力されたプログラムは一旦実行されると消滅し，繰返すことはできない．

②メモリ運転モード

プログラム番号を付けて，あらかじめメモリに登録されたプログラムを呼び出して運転するときに使用するモードである．プログラムは，次に示す「④」の編集モードでプログラムを登録し，変更，削除などの編集を行なう．MDI 運転とは異なり，繰返して運転することができる．

③外部入力運転モード

フロッピディスク装置や **DNC**（**Direct Numerical Control 直接数値制御**）装置など外部入力機器から，NC 装置のメモリ容量を超えるような膨大な NC データを送出して，自動運転を行なう場合などに使用する．自動運転に関係するモードとして「編集モード」がある．

④ EDIT/ 編集

編集モードはメモリ運転のためのプログラムをメモリに登録するときに使用するモードである．登録されたプログラムの内容を変更したり，削除する操作もこの編集モードで行なう．

操作盤では以上の 4 つが図 5-7 のように右側に配置されている．

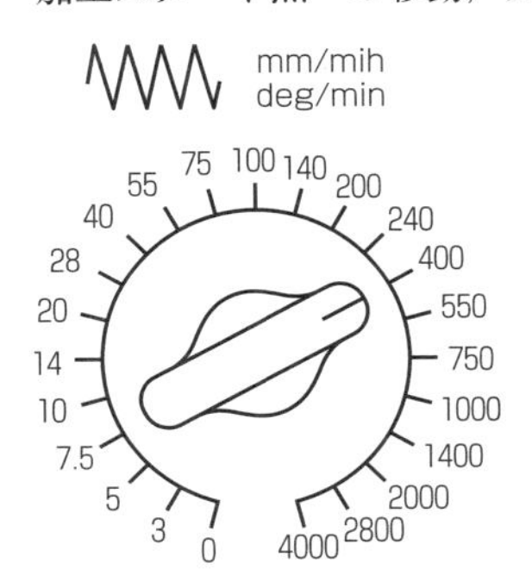

図 5-11　ジョグ送り速度設定スイッチ

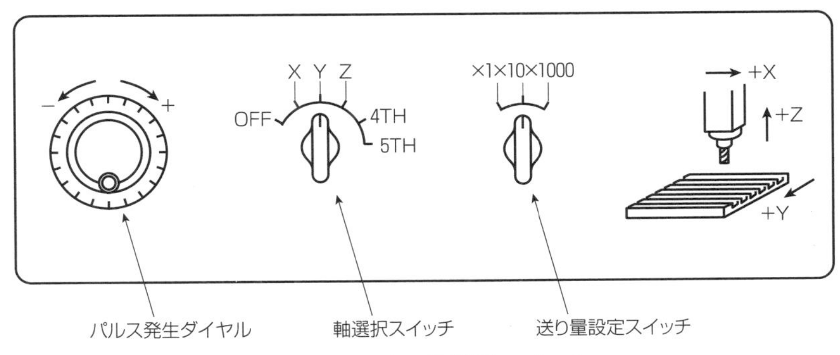

図 5-12　ハンドル送り操作スイッチ

3-1 MDI運転

MDI 運転は，MDI モードで入力したプログラムを実行する運転である．X 軸の早送りと切削送り，主軸回転の起動の例で説明する．

(1) X軸の早送りの移動

現在位置から X 軸プラス方向に早送りで 100mm 移動する．

①「運転モード選択スイッチ」(図 5-7) を MDI に合わせる．

② NC 操作盤の機能キー「PROG」を押す(**図 5-13**)．

③表示盤(ディスプレイ)のソフトキー [MDI] を押す．

MDI 用プログラムを入力できる画面になる．

④下記のプログラムを登録する．

```
G91 G00 X100.0;
```

NC 操作盤の「アドレス / 数値」キーを順次押してキーインする．最後の「;」は「EOB」キーを押す．キーインしたプログラムは画面の下側に表示される．間違えて押したときは「CAN」を押す．CANCEL の略である．

⑤**図 5-14** の「INSERT(挿入)」を押す．バッファにあるプログラムが上段に移動し，メモリに格納される．プログラムを変更するときは「ALTER(変更)」，削除するときは「DELETE(削除)」を押す．

⑥プログラムの G00 は早送りの指令である．早送り オーバライド が有効になる．早送りの最高速度の何％で動かすかを指令する．LOW に設定する．

⑦画面上で移動量を確かめるため現在位置画面の相対座標を出して X 軸座標の数値を 0 にする．ソフトキーの右端の操作キーを押し，さらに [オリジン] を押すと X，Y，Z の 3 軸とも 0.000 になる．

⑧「サイクルスタート」「フィードホールド」の押釦スイッチを押す準備をする(写真 5-3，**図 5-15**)．

「サイクルスタート」は自動運転を起動させる押釦スイッチである．「フィードホールド」は送りを停止する押釦スイッチであり，指令値の距離だけ移動すると停止する．

以上が早送り動作における MDI 運転の操作である．

G91 G00 X－100.0; のプログラムを入力して反対の方向に動かす．

(2) 切削送りでのX軸の移動

現在位置から切削送り速度 500mm/min で X 軸プラス方向に 100mm 動かす．

①～③は同じである．

⑤プログラムは下記のとおりである．

```
G91 G01 X100.0 F500;
```

「切削送り速度オーバライドダイアル」が有効になる．F500 の指令では 100％のとき 500mm/min になる．「サイクルスタート」の押釦を押して実行し確かめる．

(3) 主軸の回転と停止

主軸速度 1000min^{-1} での回転を実行する．

プログラムは次のようになる．

```
S1000 M3;
```

M3 は主軸正転起動，M5 は主軸停止の指令である．

M5; をキーインして実行すると，主軸回転は停止する．

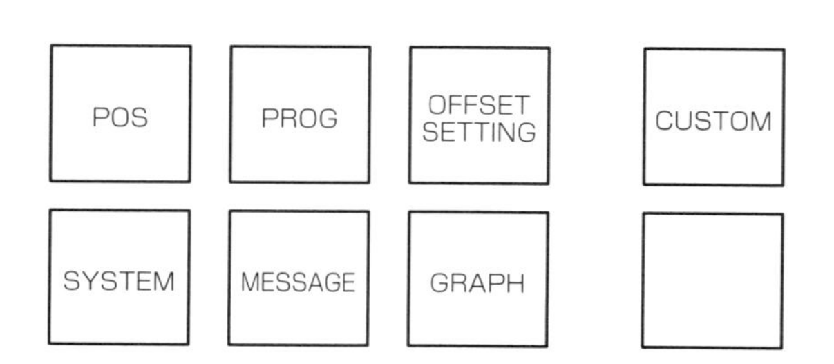

図 5-13　機能キー

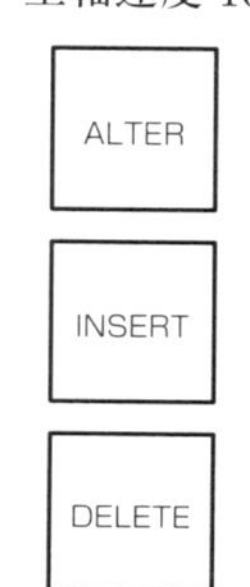

図 5-14　編集キー

3-2 メモリ運転の準備

メモリ運転を行なうためにはNCプログラムをメモリに登録する必要がある. 簡単なプログラムを作成し, 編集モードで登録する. スタート点をX, Y, Zのストロークの中央にして, G54の座標系を設定する手順を記す.

(1) プログラムの登録

図5-16においてスタート点Aから動くプログラムを考える.

```
O 123;
G90 G54 G00 X0 Y0 S1000 M3;
Z100.0;
Z0;
X40.0 Y20.0;
G01 Y100.0 F1000;
X100.0;
Y40.0;
X20.0;
G00 X0 Y0;
Z100.0 M5;
M30;
```

次に, プログラムをMDIパネルから登録する手順を述べる.

①「運転モード選択スイッチ」を「編集」に合わせる.

②機能キーの「PROG」を押し, 続いてソフトキー[ライブラリ]を押して登録プログラム一覧を表示する. 一覧表のなかに O 123 があるかどうかをチェックする. すでに登録されていたら別のプログラム番号に変えて登録する.

③ソフトキー[PRGRM]を押す.

④O 123と「アドレス/数値」キーを押し,「INSERT」を押す.

注意：プログラム番号を登録するときはEOB (;) を入れないこと.

⑤ EOB (;) を押し, 「INSERT」を押す.

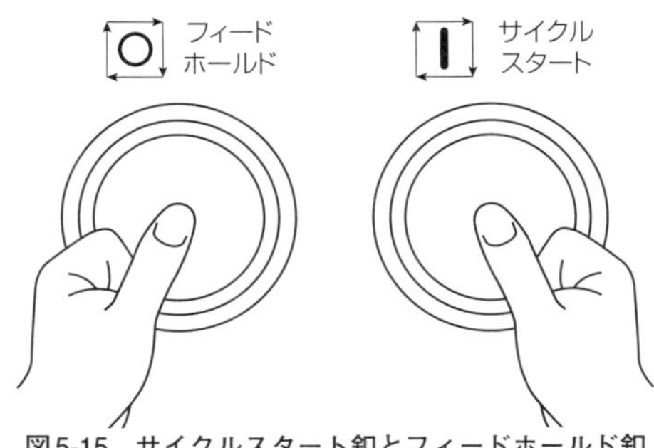

図5-15　サイクルスタート釦とフィードホールド釦

⑥プログラムにしたがって1ブロックずつ順次入力する. M30; まで入力してプログラムの登録を終了する.

⑦「RESET」を押すとカーソルはプログラムの先頭 O 123 の位置に戻る.

⑧登録したプログラムに間違いがないかをチェックする. 「カーソル」キーを使ってカーソルを移動してチェックすると便利である.

(2) ワーク座標系の設定

はじめにスタート点をX, Y, Z各軸のストロークの中央にするとしたG54の座標系を設定する手順は次の通りである.

①機能キーの「OFFSET/SETTING」を押し, さらにソフトキーの[座標系]を押すとワーク座標系の画面が表示される.

②番号01のG54の座標系を使う.

次のように入力する.

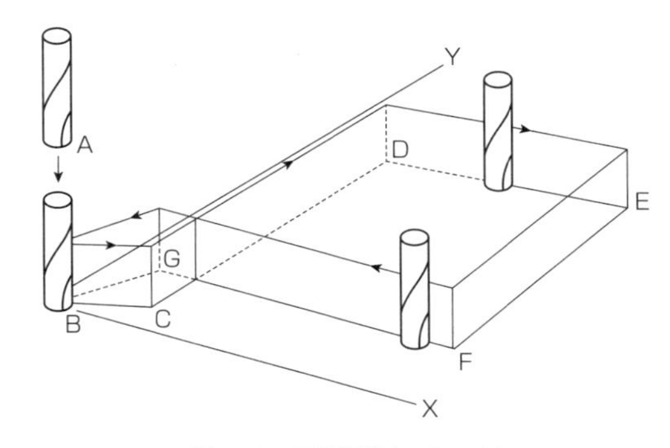

図5-16　工具経路(tool path)

X − 300.000
Y − 200.000
Z − 175.000

③ワーク座標系への入力は次の通りである．

カーソルを G54 の X のところに移動させる．− 300.0 と数値キーを押して「INPUT」を押すと G54 の X に 300.0 が入力される．

Y，Z も同様にして入力する．

3-3 メモリ運転

プログラムの作成と登録，ワーク座標系の設定という準備が整ったらメモリ運転に進む．

(1) MDIでスタート位置に位置決め

メモリ運転にかかる前に，MDI 運転にして次のプログラムを実行し，主軸をスタート位置へ位置決めする．

```
G90 G54 G00 X0 Y0;
Z100.0;
```

(2) メモリ運転

①「運転モード選択スイッチ」を「メモリ」モードに合わせる．

②「PROG」キーを押し，プログラム ○ 123 を表示する．

③カーソルがプログラムの先頭にあることを確かめてから画面下のソフトキー [チェック] を押す．

プログラムチェックの画面が表示される．現在位置と残移動量が表示され，動きをチェックしながら運転することができる．

④さらにソフトキーで [絶対] を選択する．X0.000, Y0.000，Z100.000 となっていることを確かめる．

⑤「NC 機能」釦 (図 5-3) の「シングルブロック」釦を押す．

[シングルブロックの操作]

⑥「早送りオーバライドスイッチ」を LOW，「切削送り速度オーバライドスイッチ」を 0%にする．

⑦左手を「フィードホールド」釦に，右手を「サイクルスタート」釦に置く (図 5-15)．

⑧「サイクルスタート」釦を押す．カーソルが○ 123 上に表示され，プログラムがスタートしたことを示す．

⑨再度「サイクルスタート」釦を押すと，G90 G54 G00 X0 Y0 S1000 M3; を実行し，主軸が回転する．

⑩ Z100.0; を実行する．移動はない．

⑪ Z0; を実行する．

早送りオーバライド LOW で Z マイナス方向に動く．

⑫次のブロックは X40.0 Y20.0; である．「サイクルスタート」釦を押して早送りオーバライド LOW で動く．

⑬次の G01 Y100.0 F1000; は切削送りであるから送り速度オーバライドが有効になる．

「サイクルスタート」釦を押すと，残移動量は 80.000 と表示されているのに Y 軸は移動しない．オーバライドが 0%になっているためである．100%にする．Y100.0; に達すると切削送りは停止する．オーバライドダイアルを 0%に戻す．

⑭ X100.0; を確かめ,「サイクルスタート」釦を押す．「オーバライドスイッチ」を「⑬」と同様に操作する．

⑮以下，順次同じ動作を繰返し，Z100.0 M5; によってスタート点に戻り，主軸回転を停止する．

⑯ M30; を実行するとプログラムを終了し，カーソルはプログラムの先頭に戻る．

これでシングルブロックによる操作は終了である．

シングルブロックでの運転が問題なく終了したら連続運転を行なう．シンブルブロックモードを解除し，早送りオーバライドを 25%，切削送りオーバライドを 100%にする．

「サイクルスタート」釦を押すと，A → B → C…と一連の動きを実行し，スタート位置に戻る．再び「サイクルスタート」釦を押すことにより繰返すことができる．

より高い加工技術を目指して

月面にはじめて立ったアームストロング船長が，１人の人間にとっては小さな一歩だが，人類にとっては偉大な飛躍だ，といった有名な言葉がある．加工課題「Fuji」の加工はその第一歩の加工であるが，NC プログラムで加工できたことは大きな飛躍である．これをベースにして第３章の最後に挙げた図3-66，図 3-69 のサンプルなどに自力で取り組んで NC プログラムの作成と加工の進めかた，加工技術を習得してほしい．

これまでの加工はある形状を削り出すことを主としたものであるが，製品の加工になると，寸法精度・面粗さ・形状精度が重要なファクタである．これまでやってきた実習では，技能検定１級に類似した課題を出して取り組んでもらった．加工手順や工具経路，NC プログラムの作成などを含めてむずかしいことが多々あり，制限時間など気にせずにやってみることを勧めたい．取組み甲斐がある例題である．

加工の現場にはいると，はじめは先輩から教わって加工するが，自分でプログラムをつくり複雑な加工すようになる．部品加工ではマクロプログラムもよく使われているから，第６章にカスタムマクロ入門を取り上げた．

加工形状が３次元曲面形状になると，NC プログラムも手書きのプログラムでは対応できなくなり，コンピュータの助けを借りた CAM(Conputer Aided Manufacturing) により NC プログラムを作成するようになる．NC フライス加工の分野は深く広い．これを契機に高い技術の習得を目指してほしい．

5

第6章の本旨，キーポイント

カスタムマクロは，詳しくはカスタムマクロプログラミングといい，これまでとは違う方式でNCプログラムを作る手法である.

部品加工でNCプログラムをつくっていると，類似した形状や同じ動作の繰返しの加工に出会う．複雑であるほどプログラムをつくることが面倒になり，負担になってくる．こんなときに役に立つのがカスタムマクロである．複雑な動きを一般式のような形でプログラム(これがマクロプログラム)をつくっておき，加工に応じて個別の寸法を指定する．固定サイクルはマクロプログラムを取り入れたものである.

入門編として，どのようにマクロプログラムをつくるか，を解説した．BASICを連想させ，プログラムづくりの面白さがある．マクロは奥が深く，次の段階へのステップアップを勧めたい.

第6章

カスタムマクロ入門

1　カスタムマクロとは

NC プログラムがつくれるようになったら，マクロプログラムに挑戦してみよう．

カスタムマクロは，NC プログラムを一般化したり，繰返しの指令によって長い NC プログラムを簡略化したり，さらに関数計算などの機能も有する拡張性の高い NC プログラミングのひとつの手法である．たとえば「深くなるにつれて 1 回の切込み深さを少なくしていく深穴加工の固定サイクル」とか「NC の機能として保有していない楕円のプログラム」など，よく使うので「これはマクロを使うと便利だ」と判断したときにつくってみる．

ここではマクロプログラムをつくる手はじめの部分を紹介する．

1-1 変　数

カスタムマクロでは“変数”という言葉を頻繁に使うので，変数とは何か，ということからはじめる．中学あるいは高校の数学で 1 次方程式，2 次方程式を習う．

$y=5x+10$　　　一般式では $y=ax+b$

$y=x^2+2x+5$　　　　　$y=ax^2+bx+c$

この式で x を変数，y を関数といい，変数 x は $-\infty$ ～ $+\infty$ の実数を使用する．

カスタムマクロで使う**変数**は #（“シャープ”と呼ぶ）で表わす．変数には**ローカル変数**，**コモン変数**，**システム変数**の 3 種類がある．

ローカル変数画面はオフセット画面と似ている．**図 6-1** はオフセット画面である．番号と数値が表示されている．オフセット画面の 001 に 123 という数字を入れる場合，カーソルを 001 に合わせ，123.0 とキーインして INPUT を押す．

ローカル変数画面は**図 6-2** のようになっていて，同じように番号と数値が表示されている．0001 は変数番号 #1 であり，#33 まで 33 個の変数がある．数字の入力は次に示す方法で行なう．

方程式で x=123 とするように，カスタムマクロでは #1=123.0 と表わす．MDI の NC 画面で #1=123.0；というプログラムをキーインし，サイクルスタート釦(ボタン)を押して実行する．ローカル変数の画面の 0001 に図 6-2 のように 123.000 という数字が格納される．リセッ

工具補正　　　　00001 N00000

番号	値	番号	値
001	1.000	009	0.000
002	-2.000	010	-7.500
003	0.000	011	12.000
004	5.000	012	-20.000
005	0.000	013	0.000
006	0.000	014	0.000
007	0.000	015	0.000
008	0.000	016	0.000

現在位置　（相対座標）
X　0.000　　Y　0.000
Z　0.000
>
MDI **** *** ***　　16：17：33
オフセット　[セッティング] [座標系] [　　] [（操作）]

図6-1　オフセット画面

マクロ変数

0001	123.000
0002	
0003	
0004	
0005	
0006	
0007	
0008	

入力

図6-2　ローカル変数画面

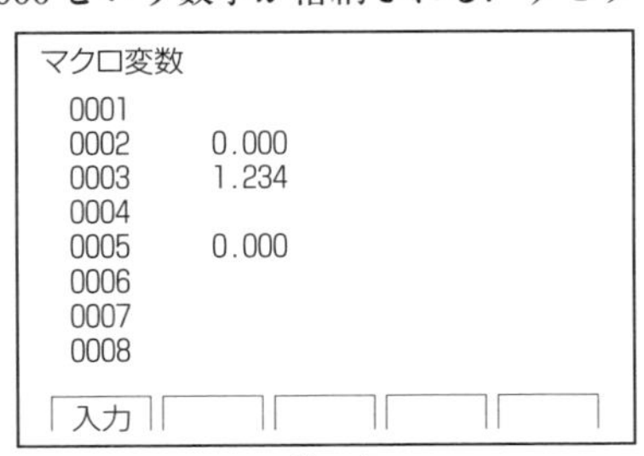

図6-3　空(くう)と0(ゼロ)の違い

ト釦を押すと格納された数値は消える.

変数値が設定されていない状態を**空**(くう)と呼び, **#0** で表わす. #1=#0 ; は, #1 を空にする指令である. **図6-3** は“空”と“0”(ゼロ)の違いを示している. #1, #4, #6, #7, #8 は空, #2, #5 には 0 が格納されている. #3 には 1.234 が格納されている.

変数を使って次のように**四則演算**, **関数演算**を行なうことができる. 一般化した式を右側に示す.

加　算	#2=#1+10;	#3=#1+#2;
減　算	#2=#1−10;	#3=#1−#2;
乗　算	#2=#1 × 10;	#3=#1 × #2;
除　算	#2=#1/10;	#3=#1/#2;
正　弦	#1=SIN[30.0];	#2=SIN[#1];
余　弦	#1=COS[30.0];	#2=COS[#1];
正　接	#1=TAN[30.0];	#2=TAN[#1];
平方根	#1=SQRT[2.0];	#2=SQRT[#1];
絶対値	#1=ABS[-1.23];	#2=ABS[#1];

1-2 プログラムの一般化と引数指定

(1) マクロプログラム

図 6-4 の 4 角形状に動く NC プログラムは次のようになる.

```
O100;
G91 G01 Y50.0 F500;
X100.0;
Y-50.0;
X-100.0;
M30;
```

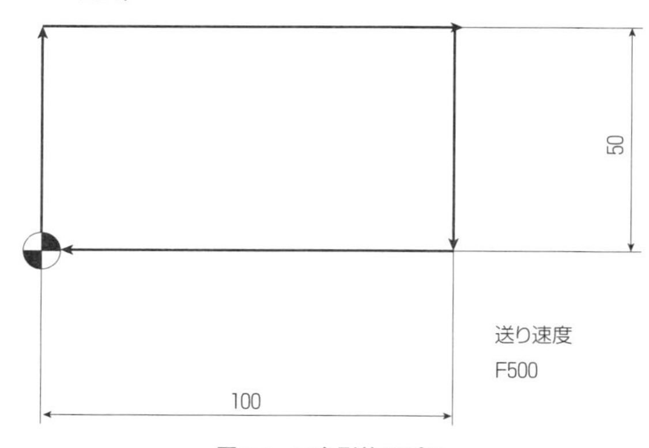

図6-4　四角形状のパス

この NC プログラムの 100.0, 50.0, 500 を変数 #1, #2, #3 に置き換えて次のように書く.

```
O110;
#1=100.0;
#2=50.0;
#3=500;
G91 G01 Y#2 F#3;
X#1;
Y-#2;
X-#1;
M30;
```

このプログラムを順に実行していくと, ローカル変数画面の 1, 2, 3 に 100.0, 50.0, 500.0 が格納される. 次の G91 G01 Y#2 F#3; の #2, #3 が 50.0, 500.0 に置き換わり, G91G01Y50.0F500.0; になる. このようにして O100 と同じ動作が行なわれる.

#1, #2, #3 で使用する数値をメインプログラムで指定するように分離し, 変数によって構成されるプログラム (これを“マクロプログラム”という) をつくると次のようになる.

```
O120;
G91 G01 Y#2 F#3;
X#1;
Y-#2;
X-#1;
M99;
```

このプログラムは, 正方形, 縦長・横長の長方形を問わず, 四角形であれば共通して適用することが可能である. この共通化を“プログラムの一般化”という.

(2) マクロ呼出しG65と引数指定

#1,#2,#3 で使用する数値はメインプログラム O121 から下記のフォーマットで指令する.

```
O121;
G65 P120 A100.0 B50.0 C500.0;
M30;
```

G65 は**マクロ単純呼出し**の指令であり, G65 P120 とし, その後に A100.0 B50.0 C500.0 と続ける. A100.0 というワードはマクロプログラム O120 の #1 に 100.0 という数値を代入する, 引渡す役割を果たしており, これを**引数指定**という.

引数とは, カスタムマクロ本体で使われている変数に与えられる実際の数値をいい, **引数指定**とは, カスタムマクロ本体にこの引数(実際の数値)を受け渡すことをいい, アドレス(G,L,N,O,P を除くアルファベットの大文字)の後ろにこの引数を記す.

この引数指定ができるのはローカル変数だけであり, コモン変数やシステム変数にはないローカル変数の特徴である.

A は #1, B は #2, C は #3 に対応して使う. この対応関係を**表 1** に示す. 前述のプログラム O121 における A,B,C の代わりに U,V,W を使うこともできる. **表 6- 1** より U, V, W に対応する変数は #21, #22, #23 であり, メインプログラム, マクロプログラムは次のようになる. 動きは O100, O110, O121 と同じである.

```
マクロプログラム
O130;
G91 G01 Y#22 F#23;
X#21;
Y-#22;
X-#21;
M99;
メインプログラム
O131;
G65 P130 U100.0 V50.0 W500.0;
M30;
```

表 6-1 ローカル変数とアドレスの対応

A	#1
B	#2
C	#3
I	#4
J	#5
K	#6
D	#7
E	#8
F	#9
	#10
H	#11
	#12
M	#13
	#14
	#15
	#16
Q	#17
R	#18
S	#19
T	#20
U	#21
V	#22
W	#23
X	#24
Y	#25
Z	#26
	#27
	#28
	#29
	#30
	#31
	#32
	#33

1-3 繰返しによる プログラムの簡略化

(1) 条件文と条件式と演算子

ある条件を満足したら指定したブロックにジャンプする, ある条件を満足している間はある動作を繰返して行なう, というように使うプログラムを**条件文**という. 条件文には IF 文と WHILE 文の 2 種類がある.

IF 文は, 1 と 0 との判別などのように, 入力したデータの良否の判別とか円弧の時計回り・反時計回りの区別など, **条件付き分岐**に使う.

IF[#1 EQ #0] GOTO990;

この文中の[ ]を**条件式**という. 条件式は[A 演算子 B]という形で記述する. 上述の IF 文のなかの条件式は次のことを意味する.「もしも #1 (主語) が #0 (データがない) ならシーケンス番号 N990 にジャンプしなさい」

条件式のなかの**演算子**は 6 種類あり, **表 6-2** に演算

表 6-2 演算子とその意味

演算子	意味		
EQ	Equal	=	AがBと等しいなら
NE	Not Equal	≠	AがBと等しくないなら
GT	Greater Than	>	AがBより大きいなら
GE	Greater or Equal	≧	AがBより大きいか, 等しいなら
LT	Less than	<	AがBより小さいなら
LE	Less or Equal	≦	AがBより小さいか, 等しいなら

子とその意味を示す．前述のEQはEqualの略であり，「AがBに等しいなら」「#1が#0と等しいなら」という意味になる．演算子は表2の「意味」の欄の英文から頭文字をとって表わしている．

WHILE 文は**繰返し**の機能に使う．

```
WHILE[#1 LE 10] DO1;
・・・・
END1
```

これは #1 ≦ 10（#1 が 10 より小さいか等しいなら）が成立する間 END1 までを繰返すという指令である．

(2) WHILE文の例

カスタムマクロでは，WHILE 文を使ってある動作を繰返して行なうプログラムをつくることができる．次に具体例を示す．

［**例1**　1から10までの合計］

1から10までの数を順に加えて合計が55になるプログラムをWHILE文で使ってつくると次のようになる．

```
O310;
#1=1;
#2=10;
#3=0;
WHILE[#1 LE #2] DO1;
#3=#1+#3;
#10=#3;
#1=#1+1;
END1;
M00;
M30;
```

このプログラムの意味は次のようになる．

#1 は「1から10までの数」の1であり，#2 は最後の10，#3 は 1+2+3…の合計である．WHILE 文のなかの[#1 LE #2]は条件式であり，ある条件が成り立っている間 DO1 から END1 までを繰返すことを意味する．

はじめに #1=1,#3=0 からスタートする．WHILE 文の条件式[1 LE 10]，1 ≦ 10 が成立するから #3=#1+#3; を実行して #3=1+0=1 になる．

この #3 の値を #10 に答として残しておく．#10 ではなく #100,#500 のコモン変数のところにでも格納できる．#10,#100 に格納した場合は M30 によりデータは消失するが，#500 の場合は電源を遮断してもデータは残っている．

#1=#1+1; は**カウントアップ**のブロックであり，ここでは #1=1+1=2 となり，新しい #1 は 2 となって WHILE 文に戻る．条件式が成立する間このプロセスを繰返す．

#1=#1+1; のカウントアップで #1=11 になると，条件式は 11 ≦ 10 となり成立しなくなる．そのときは END1 の次のブロックにジャンプして M00 に行く．マクロ画面をみると #10 に 55 という数字が入っていることがわかる．M00 のブロックはマクロ画面の #10 に 55 が入っていることを確認するための一時停止の指令として使用した．M30 によりすべてのデータは消去する．

［**例2**　正18角形を直線補間 G01 で一周する］

図6-5 に示す半径 50mm の円に内接する正18角形を，送り速度 1000m/min，直線補間 G01 で移動するマクロプログラムをつくる．

○を始点とし，早送りで M に移動，ここから正18角形を反時計回りに回る．M に到達したら○に戻り，プログラムを終了する．

変数を次のように使用する．

真円の半径	#4=50.0
分割角度	#1=20.0
送り速度	#9=1000.0

図の点2から点3への移動で，点3の角度を #2，そのときの X 座標を #21，Y 座標を #22 とすると次

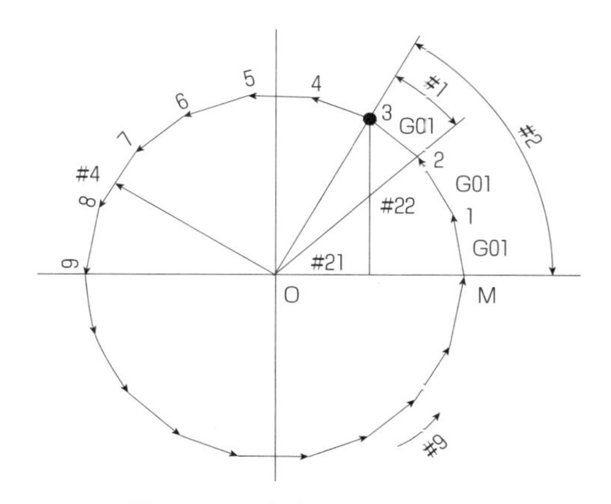

図6-5　正18角形をG01で一周する

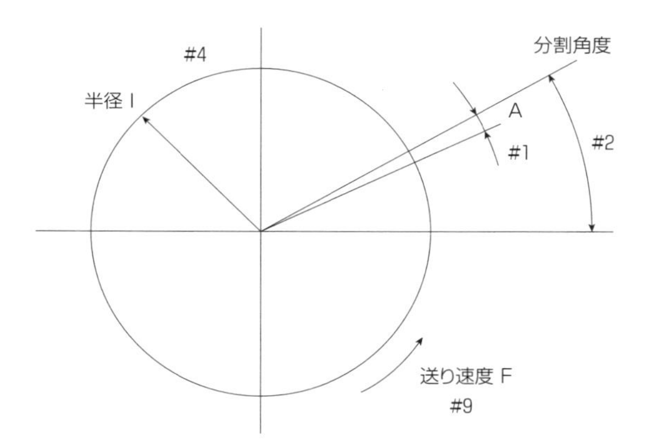

図6-6　正多角形(真円)マクロの引数指定項目

のようになる

X 座標　#21=#4 ＊ COS[#2]　＊ は×(掛ける)の意

Y 座標　#22=#4 ＊ SIN[#2]

マクロプログラムは次のようにつくる.

```
O320;
#4=50.0;
#1=20.0;
#9=1000.0
G90 G00 X0 Y0;
#2=0;
G90 G00 X#4;
WHILE[#2 LE 360.0] DO1;
#21=#4＊COS[#2];
#22=#4＊SIN[#2];
G01 X#21 Y#22 F#9;
#2=#2+#1;
END1;
G90G00 X0 Y0;
M30;
```

このプログラムをチェックする.

#4,#1,#9 にそれぞれ 50.0, 20.0, 1000.0 が格納され, 始点 O →点 M へ移動する. M で #2 は 0 であり, 条件式 0 ≦ 360.0 が成立し, #21 は 50.0, #22 は 0, G01X#21Y#22F#9; は G01X50.0Y0F1000; になる.

次のブロック #2=#2+#1; はカウントアップのプログラムであり, #2+#1 は 0+20.0 から新しい #2 は 20.0 となり, END1 により WHIL E 文に戻る. 条件式 20.0 ≦ 360.0 が成立つから #21, #22 を計算する. 以下順に点 1, 2, 3…と進む.

一周して 360.0 ≦ 360.0 を超えると条件式が成り立たなくなり, 点 M → O で原点に戻りプログラムは終了する.

[**例 3**　正多角形(真円)を一周するマクロプログラム]

正 18 角形のマクロプログラムを**図 6-6** で引数指定のマクロ呼出しとマクロプログラムに分けると次のようになる.

真円の半径　I　#4=50.0

分割角度　A　#1=20.0

送り速度　F　#9=1000.0

```
O331;
G90 G00 X0 Y0;
G65 P330 I50.0 A10.0 F1000.0;
M30;
O 330;
#2=0;
```

```
G90 G00 X#4;
WHILE[#2 LE 360.0] DO1;
#21=#4*COS[#2];
#22=#4*SIN[#2];
G01 X#21 Y#22 F#9;
#2=#2+#1;
END1;
G90G00 X0 Y0;
M99;
```

分割角度を小さくしていくと限りなく真円に近づく.

[**例 4**　楕円のマクロプログラム]

正多角形のマクロプログラムの応用として直線補間 G01 で移動する楕円のマクロプログラムをつくる.

図 6-7 において，楕円は大円の X 成分と小円の Y 成分からなる交点の軌跡である.

大円の半径	R	#18=40.0
小円の半径	K	#6 =25.0
分割角度	A	#1 =10.0
送り速度	F	#9 =1000.0
出発角度	B	#2 =0

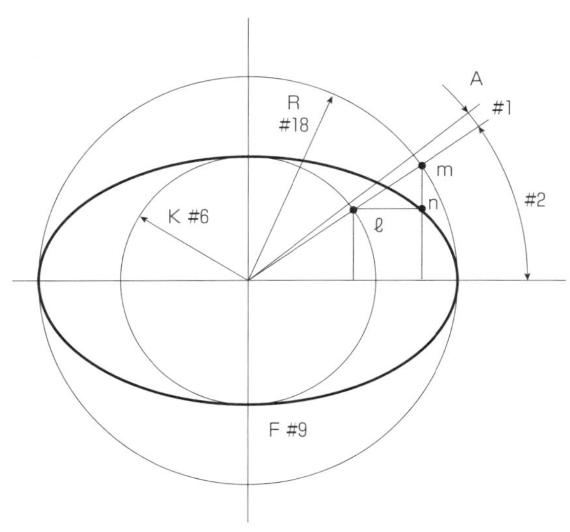

図6-7　楕円マクロの引数指定項目

```
O341 ;
G90 G54 G00 X0 Y0;
G65 P340 R40.0 K25.0 A10.0 F1000.0 B0;
M30;
O340 ;
G90 G00 X#18;
WHILE[#2 LE 360.0] DO1
#21 = #18*COS[#2];
#22 = #6*SIN[#2];
G01 X#21 Y#22 F#9;
#2 = #2 + #1;
END1;
G90 G00 X0 Y0;
M99;
```

[**例 5**　真円ポケットの荒加工のマクロプログラム]

図 6-8 のように徐々に拡大していく一周円をマクロプログラムで書くと次のようになる.

加工円の半径	I	#4 =50.0
1 回の拡大巾	H	#11=15.0
送り速度	F	#9 =1000.0

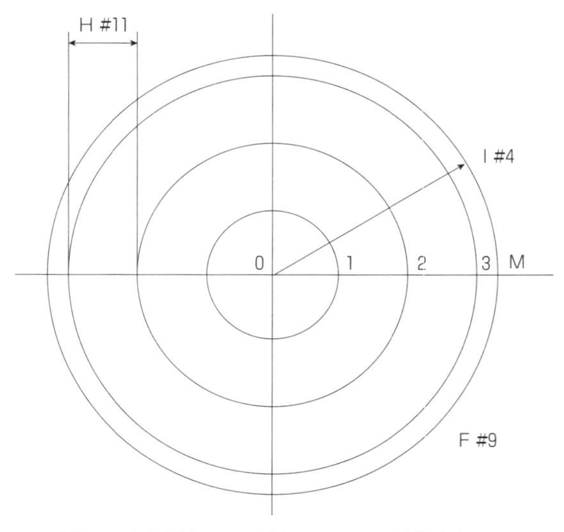

図6-8　真円ポケットの荒加工マクロの引数指定項目

マクロプログラムを呼び出すメインプログラムは次のようになる.

```
O351;
G90 G54 G00 X0 Y0;
G65 P350 I50.0 H15.0 F1000.0;
M30;
O 350 (MACRO) ;
#1=#11;
WHILE[#1 LT #4] DO1;
G90 G01 X#1 F#9;
G03 I-#1;
#1=#1+#11;
END1;
G01 X#4;
G03 I-#4;
G00 X0;
M99;
```

このプログラムをチェックする.

メインプログラムの引数指定により #4, #11, #9 には 50.0, 15.0, 1000.0 が格納される.

マクロプログラムにはいって #1=#11 から #1 は 15.0 になる. 条件式 [#1 LT #4] は 15.0 < 50. 0 で成立して次の行に移行し, G90G01X#1F#3; は G90G01X15.0F1000; になり, 点 1 に進む. G03I-#1; は G03I-15.0; になり左回りで一周する.

次のカウントアップのプログラム #1=#1+#11; で #1+#11=15.0+15.0 から新しい #1 は 30.0 になって WHILE 文に戻る.

条件式は 30.0 < 50.0 で成立するから次の行に移行し, G90G01X30.0F1000; になり, 点 2 に進み, G03I-30.0; で一周する. カウントアップで #1+#11=30.0+15.0 から新しい #1 は 45.0 になって WHILE 文に戻る.

条件式は 45.0 < 50.0 で成立するから次の行に移行し, G90G01X45.0F1000; になり, 点 3 に進み, G03I-45.0; で一周する. カウントアップで #1+#11=45.0+15.0 から新しい #1 は 60.0 になって WHILE 文に戻る.

条件式は 60.0 < 50.0 で不成立になる. WHILE 文が不成立になったときは END1 の下の行に移行する. G90G01X50.0F1000; になり, 点 M に進み, G03I-50.0; で一周し, G00X0; により早送りでスタート点○に戻り, プログラムは終了する.

このマクロプログラムは真円ポケットの荒加工の原型みたいなものであり, ポケットの深さや使用工具, アラームなど種々の要素を加味して実際に使えるプログラムに仕上げていく.

2 実用的マクロプログラム(その 1)

2-1 コモン変数とシステム変数

変数には, ローカル変数に加えて**コモン変数**, **システム変数**があり, 次のような変数番号となる.

種　類	変数番号
①ローカル変数	#1 ～ #33
②コモン変数	#100 ～ #999
③システム変数	#1000 ～　#2000 ～　#3000 ～ #4000 ～　#5000 ～

コモン変数は, 各種計算や演算の結果をデータとして保存するのに使用する. システム変数はオフセット, G コードや F コード, 機械位置など NC の数値情報が格納・保存されている. 上記の変数番号は代表的なものであり, #10000 台までたくさんある.

ローカル変数とコモン変数は, 表示画面があり見ることができる. システム変数には画面がなく直接見ることはできないが, 格納された数値は次のようなプログラムにより引出して見ることができる.

#1=#1000;

(1) コモン変数

コモン変数は大別して次の 2 種類がある.

- 非保持形　　#100 ～ #499
- 保持形　　#500 ～ #999

非保持形のコモン変数の場合はリセット, M30, 電源断によりデータが消去する．保持形ではNC電源を遮断してもデータが消えずに残っている．非保持形のコモン変数は加減乗除やSIN，COSなど関数計算のデータなどに使用する．

保持形のコモン変数は，たとえば翌日に加工を続行するために今日の最終の座標位置を保存する，加工のスタート時刻と終了時刻を保存して加工時間を算出する，などに使用する．コモン変数は異なるプログラム間でも共通である．具体例については加工のマクロプログラムに示す．

(2) システム変数

システム変数の種類と用途を**表6-3**に示す．

① #1000～　入出力情報

#1000台のシステム変数は機械とNCとのデータのやりとりに使用する．通常のプログラムでは使用しないので省略する．

② #2000～　オフセット情報

#2000台のシステム変数にはオフセットのデータが格納されている．たとえばオフセットタイプAの場合は**表6-4**のように対応している．オフセット画面で数値を入力することはできるが，入力された数値はNCプログラムでは解らない．

カスタムマクロでは次のようにプログラムで読み込んで知ることができる．たとえば，オフセット番号05に9.85という数値が格納されているとき，#1=#2005;のプログラムをキーインして実行するとローカル変数画面の01(#1のところ)に9.85が読み込まれ表示される．実際には次のような形で使用する．

```
#30=#[2000+#7];
```

このプログラムの意味は次のようになる．メインプログラムの引数指定でアドレスDを使い，D5とオフセット番号指定の数値を入れる．マクロプログラムの#7にオフセット番号指定の数値(=5)が引き渡される．そうすると

```
#30=#[2000+#7]=#2005
```

となってオフセット番号05に入っている数値9.85が#30に取り出される．この#30を使ったプログラム例を真円ポケットの仕上加工のプログラムに示す．ここで使うDは工具径補正のときのオフセット番号指定のDではないが，オフセットのDと関連づけるように考えて使用している．

③ #3000～　マクロアラームと時計情報

#3000台は，#3000と#3001～と異なるものが一緒にはいっている．#3000はマクロアラームにする指令である．MDIモードで#3000;をキーインして実行すると，マクロアラームの画面が表示される．プログラムを

```
#3000=140(DATA LACK);
```

として実行するとマクロアラームになるだけでなくアラームの内容が**図6-9**のように表示される．この例

表6-3　システム変数の種類と用途

変数の種類	用　途
#1000～	入出力情報
#2000～	オフセットデータ
#3000～	マクロアラーム(#3000)時間
#4000～	モーダル情報
#5000～	位置情報

表6-4　オフセット情報

オフセット番号	システム変数
01	#2001
02	#2002
03	#2003
‥	‥
10	#2010
‥	‥

は[DATA LACK]，あるべきデータが不足している，という意味である． #3001 ～ #3012 は時間に関係したシステム変数である． #502=#3012; とすると現在時刻が時分秒で #502 に表示される．

④ #4000 ～　モーダル情報

#4000 台はモーダル情報を扱うシステム変数である．G90 と G91，G00 ～ G03，G40 ～ G42，G54 など代表的な G コードはこの #4000 台に割り当てられている．さらに F コード，S コード．T コードなども含まれており，マクロプログラムをつくるうえで重要である．

モーダルとは1度指令すると同一グループの他の指令が出るまでその指令が保持されることである．たとえば，G コードで 03 グループの G90 が指令されると G91 が指令されるまで有効である．01 グループの G01 が指令されるとそのほかの G コード，G00，G02，G03 のどれかが指令されるまで G01 が有効である．

ここでは，モーダル情報の保存という手法を通して #4000 台のシステム変数の意味と使用法を説明する．

[モーダル情報の保存]

G00 ～ G03 は G コード一覧表の 01 グループに属し，その数値 0 ～ 3 のどれかが #4001 に格納されている．同様に G90/G91 は 03 グループに属して #4003 に格納されている．

モーダル情報の保存とは，メインプログラムからマクロプログラムに移るとき，メインプログラムの G90/G91，G00 ～ G03 の情報を一旦保存し，マクロプログラムからメインプログラムに戻るときに保存していた情報により，もとのモーダル情報に返すという手法である．

#4001，#4003 のシステム変数の数値は次のプログラムにより置換して出す．

```
#31=#4003;
#32=#4001;
```

#31 には 90 または 91，#32 には 00 01 02 03 のどれかが格納される．マクロプログラムからメインプログラムに戻るときは次のように指令する．

```
G#31 G#32 M99;
```

たとえば #31 に 90，#32 に 00 という数値がはいっていると，前記のプログラムは次のようになる．

```
G90 G00 M99;
```

このモーダル情報保存のプログラムはマクロプログラムのはじめと終りに指令する．マクロプログラムのなかで同じグループのほかの G コードを用いても，もとに戻すことで安心して使うことができる配慮である．プログラム例を次項目「仕上加工のマクロプログラムの展開」の(5) (⇒ p.120) に示す．モーダル情報として保存するものはほかに F コード，S コードがある．

⑤ #5000 ～　位置情報

#5000 台はプログラム上の現在位置，機械座標系の現在位置，ワーク座標系のオフセット量など位置情報を扱うシステム変数である．**表 6-5** に 2 種類の位置情報を示す．

(a) Z 軸高さの保存と復帰

NC 画面において絶対座標で示される XYZ の現在位置はシステム変数の #5001 ～ #5003 に対応している．この変数は XYZ 各軸のプログラムにおけるブロックの終点位置を表わす．

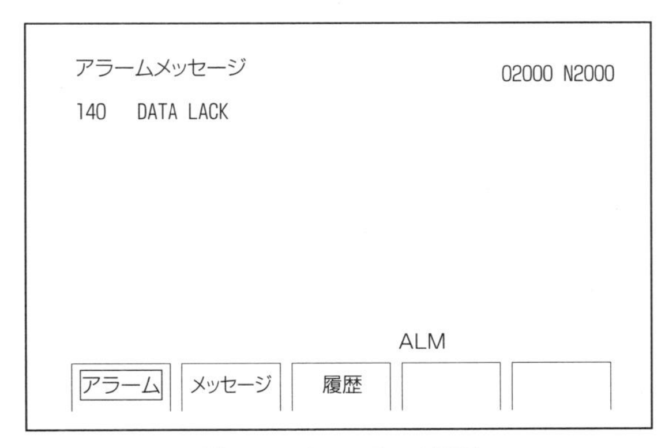

図 6-9　マクロアラーム画面

表6-5　#5000台の位置情報

変数番号	位置情報	座標系	工具補正	移動中読取
#5001 ・ ・ ・ #5004	(ABSIO) 第1軸目　直前のブロック終点位置 ・ ・ ・ 第4軸目　直前のブロック終点位置	ワーク座標系	補正量を含まない (プログラムの座標)	できる
#5021 ・ ・ ・ #5025	(ABSMT) 第1軸目　現在位置 ・ ・ ・ 第5軸目　現在位置	機械座標系	補正量を含む	できない

#5001 X軸のブロック終点位置

#5002 Y　　〃

#5003 Z　　〃

メインプログラムにおけるZ軸の高さ，例えば100.0をマクロプログラムのはじめに保存し，メインプログラムに戻る際にはじめのZ軸の高さにする．プログラムは次のようにつくる．

```
#33=#5003;
・・
G90 G00 Z#33;
```

このプログラムにおいて，#33には100.0が格納され，G90G00Z#33においてZ100.0となってメインプログラムに戻る．

(b)ワーク座標系G54のXYのデータ入力

NC画面で機械座標に表示されるXYZの現在位置はシステム変数の#5021～#5023に対応している．またワーク座標系G54のXYZのオフセット量はシステム変数の#5221～#5223に対応している．

心出しをしてXY座標の位置が決まったとき，機械座標の数値をワーク座標系G54に入力するには次のプログラムを実行する．

```
#5221=#5021;
#5222=#5022;
```

2-2 仕上加工のマクロプログラムの展開

マクロプログラムを作成する例題として，エンドミルによる真円ポケットの内径の仕上加工のプログラムを取り上げる．

真円ポケットの仕上げは従来中ぐり加工であったが，輪郭制御の高性能化によりエンドミルによる加工に置きかわるようになった．中ぐり加工では穴径に応じてボーリングバーが必要であるが，エンドミルによる加工では一本で対応し工具本数を削減できる．ここでは基本的なマクロプログラムからコモン変数やシステム変数を使った段階へ展開し，簡単な指令で種々の穴径の仕上加工を行なう実用的なマクロプログラムを目指す．

図6-10にエンドミルによる内径仕上加工の基本的な動きを示す．

加工穴径　φ100mm，深さ10mm

工　　具　エンドミル直径φ12

　　　　　オフセット番号21

(1)ローカル変数によるマクロプログラム

エンドミルによる仕上加工は，工具径補正G41を使い，図6-10の原点Oからスタートして直線で点Lに行き，点Mに円弧でアプローチ，一周後に点Nに円弧でリトラクト，直線で原点Oに戻るカッタパスとする．

真円ポケットの半径　#4　50.0

アプローチ円弧半径　#3　30.0

送り速度　　　　　　#9　500

工具径補正番号　　　#7　21

（仮にエンドミル径 φ12 を想定）

```
O210;
#4=50.0;
#3=30.0;
#9=500;
#7=21;
G91 G41 G01 X-[#4-#3] Y#3 D#7 F[#9*3];
                    (*は×で 3 倍の意味)
G03 X-#3 Y-#3 J-#3 F#9;
I#4;
X#3 Y-#3 I#3;
G40 G01 X[#4-#3] Y#3;
M30;
```

```
O221 (MAIN) ;
G90 G54 G00 X0 Y0;
G65 P220 I50.0 C30.0 F500 D21;
M30;

O 220 (MACRO) ;
G91 G41 G01 X-[#4-#3] Y#3 D#7 F[#9*3];
G03 X-#3 Y-#3 J-#3 F#9;
I#4;
X#3 Y-#3 I#3;
G40 G00 X[#4-#3] Y#3;
M99
```

(2) マクロ呼出しG65とマクロプログラム

O210 のプログラムを引数指定のマクロ呼出し G65 とマクロプログラムに分離する.

真円ポケットの半径	I	#4	50.0
アプローチ円弧半径	C	#3	30.0
送り速度	F	#9	500
工具径補正番号	D	#7	21

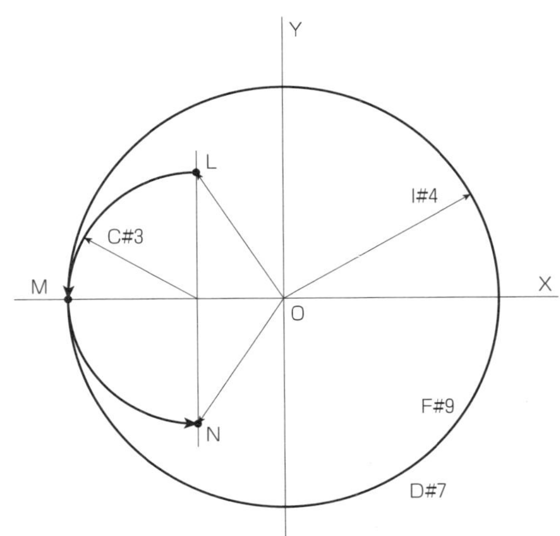

図6-10　内径仕上加工の基本的な動き

(3) 工具径補正 G41 を使わないマクロプログラム

マクロプログラムではオフセット量をプログラムに取り込めるので工具径補正 G41 を使わないで加工を行なうことができる. また (1) で使用したアプローチ半径 C はポケットの加工半径の 1/2 とすることにして廃止する.

カッタパスは, **図 6-11** で工具中心が原点 O からスタートして直線補間で点 ℓ に行き, 円弧で点 m にア

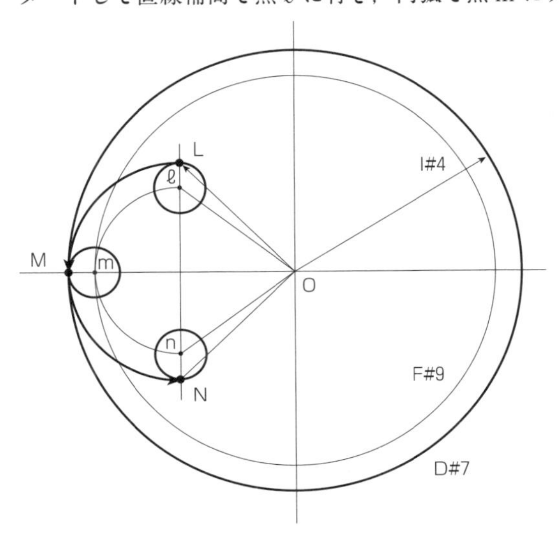

図6-11　オフセット量の取込みによる内径仕上加工

プローチし，一周後円弧で点nにリトラクトし，直線で原点Oに戻るようにする．

```
O231 (MAIN) ;
G90 G54 G00 X0 Y0;
G65 P230 I50.0 F500 D21;
M30;

O 230 (MACRO) ;
#30=#[2000+#7];     オフセット量の取込み (#30=6.0)
#100=#4/2;          半径の半分
#110=#100 -#30;     アプローチ半径
#120=#4 -#30;
#130=#9＊3;
G91 G01 X-#100 Y#110 F#130;
G03 X-#110 Y-#110 J-#110 F#9;
I#120;
X#110 Y-#110 I#110;
G00 X#100 Y#110;
M99
```

(4) Z軸の移動を入れたマクロプログラム

ここでは加工のスタート位置を決めれば，その後の動きはすべてマクロプログラムで行なうようにする．引数指定は前記(3)のプログラムに穴底の深さZ，早送り接近点Rを追加する(**図6-12**)．

真円ポケットの半径	I	#4	50.0
穴底の深さ(加工基準面より－で指令)	Z	#26	-10.0
早送り接近点(加工基準面より＋で指令)	R	#18	5.0
送り速度(mm/min)	F	#9	500
工具径補正番号	D	#7	21

```
O241 ;
G90 G54 G00 X0 Y0 S2000 M3;
Z100.0;
G65 P240 I50.0 Z-10.0 R5.0 F500 D21;
M30;

O240 (MACRO) ;
#33=#5003;
#30=#[2000+#7];
#100=#4/2;
#110=#100 -#30;
#120=#4 -#30;
#130=#9＊3;
#140=#9/2;
G90 G00 Z#18;
G01 Z#26 F#140;
G91 X-#100 Y#110 F#130;
G03 X-#110 Y-#110 J-#110 F#9;
I#120;
X#110 Y-#110 I#110;
G00 X#100 Y#110;
G90 Z#33;
M99;
```

(5) モーダル情報保存とIF文を追加

マクロプログラムは，つくった本人が加工するばかりでなくマクロを知らない人も使う．はじめに「2-1 コモン変数とシステム変数」項目の(2)，④(➡ p.117)で説明したモーダル情報の保存を入れる．さらに指令すべきアドレスや引数がない，小数点がない，というような誤り，指示ミスに対してIF文を使ってアラームで対応する．

①指令すべきデータがない場合の対応

たとえば真円ポケットの加工で，加工半径Iの指令が欠けた場合は次のように指令する．

```
IF[#4 EQ #0] GOTO 990;
```

真円ポケットのI，R，Z，F，Dのどれが欠けてもだめである．5つの引数指定を一括して取扱うには，データがない(#0)時の乗算，たとえば5＊#0が0(ゼロ)になることを利用してIF文を次のようにする．

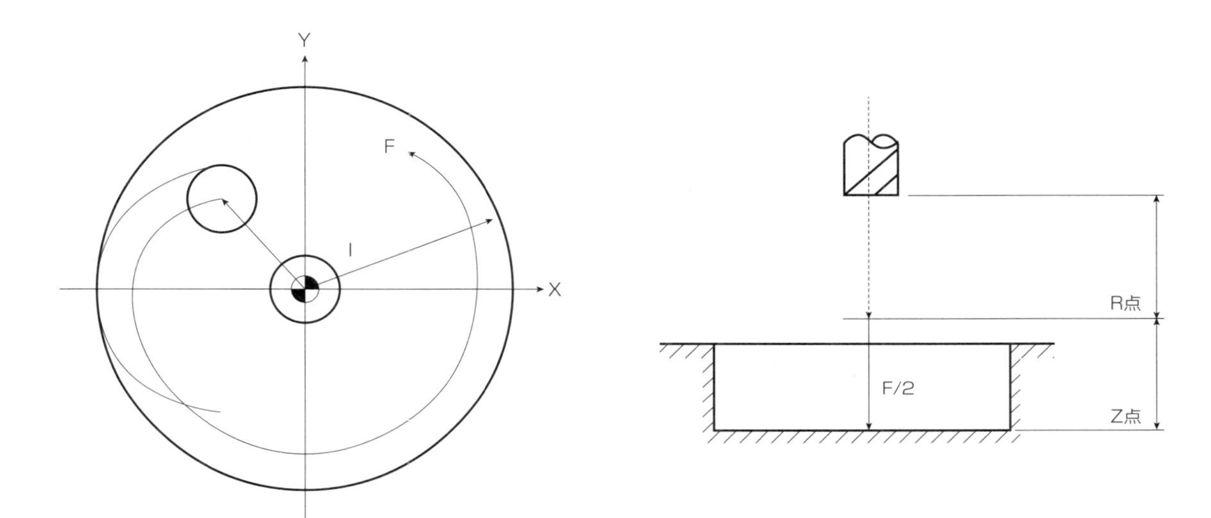

図6-12　真円ポケット仕上げ

```
IF[[#4＊#18＊#26＊#9＊#7] EQ 0] GOTO 990;
N990 #3000=140 (DATA LACK)；
```

②小数点がない場合などの対応

加工半径Iの小数点を忘れると50mmではなく0.050となり，オフセットデータより小さくなる．IF文を次のようにする．

```
IF[#4 LE #30] GOTO 991;
(加工径が工具半径以下の場合はアラーム)
```

R点とZ点のデータ入力の間違い

```
IF[#18 LE #26] GOTO 992;
(R点がZ点より下にある場合はアラーム)
```

これらのミスに対するマクロアラームのプログラムは次のようにする．

```
N991 #3000=141 (DATA ERROR)；
N992 #3000=142 (DATA ERROR)；
```

以上を追加したマクロプログラムを次に示す．メインプログラムは基本的には(4)のO241と同じなのでここでは省略する．

```
O250 (MACRO)；
IF[[#4＊#18＊#26＊#9＊#7] EQ 0] GOTO 990;
#31=#4003;
#32=#4001;
#33=#5003;
#30=#[2000+#7];
#100=#4/2;
#110=#100 -#30;
#120=#4 -#30;
#130=#9＊3;
#140=#9/2;
IF[#4 LE #30] GOTO 991;
IF[#18 LE #26] GOTO 992;
G90 G00 Z#18;
G01 Z#26 F#140;
G91 X-#100 Y#110 F#130;
```

表6-6　マクロプログラムの基本構成

	内　容	プログラム例
1	引数指定の条件 アラーム140(DATA LACK)	IF[[#4*#7*#9] EQ 0]GOTO 990
2	モーダル情報の保存	#31 = #4003; #32 = #4001;
3	オフセット量の取込み	#30 = #[2000+#7];
4	オフセット量の条件　991 アラーム141(DATA ERROR)	IF[#4 LE #30] GOTO 991
5	引数の数値の条件　992 アラーム142(DATA ERROR)	IF[#18 LE #26] GOTO 992
6	加工条件の設定 CW　CCW	IF[#17 EQ 1] GOTO 50 #17 01を指令したとき　CCW
7	加工のプログラム	
8	アラームの表示 140 141 142	N990 #3000 = 140(DATA LACK) N991 #3000 = 141(DATA ERROR) N992 #3000 = 142(DATA ERROR)
9	モーダル情報の保存	G#31 G#32 F#9 M99;

```
G03 X-#110 Y-#110 J-#110 F#9;
I#120;
X#110 Y-#110 I#110;
G00 X#100 Y#110;
G90 Z#33;
GOTO 999;
N990 #3000 = 140 (DATA LACK) ;
N991 #3000 = 141 (DATA ERROR) ;
N992 #3000=142 (DATA ERROR) ;
N999 G#31 G#32 M99;
```

2-3 マクロプログラムの基本構成

第1節で説明した条件文やシステム変数などを使って実際のマクロプログラムは**表6-6**のような構成で作成する.

3　実用的マクロプログラム(その2)

3-1 WHILE文の多重度

WHILE文は, WHILE [・・] DO1 − END1 というプログラムのなかに子供のWHILE文, さらにその子供のWHILE文, 孫のWHILE文をつくることができる. これを**WHILE文の多重度**という. その関係図を示すと**図6-13**のようになる. DO1 − END1を1重としてDO2 − END2の2重, DO3 − END3の3重まで可能である.

次に6つの加工例を紹介する. 1～4は1重のWHILE文, 5～6は2重のWHILE文の例である.

3-2 加工事例

(1) 直線上の穴の加工(Linear bolt hole)

図6-14のように, ある角度の線上に並んでいる等ピッチの穴の位置決め動作を行なうマクロプログラムをつくる. 使用するアドレスは下記の5つとする.

始点X座標値	X	#24=50.0
始点Y座標値	Y	#25=30.0
角　度	A	#1=30.0
ピッチ	U	#21=20.0
個　数	H	#11=4.0

位置決めの指令フォーマットは下記の形とする.

```
G65 P110 X50.0 Y30.0 A30.0 U20.0 H4.0;
```

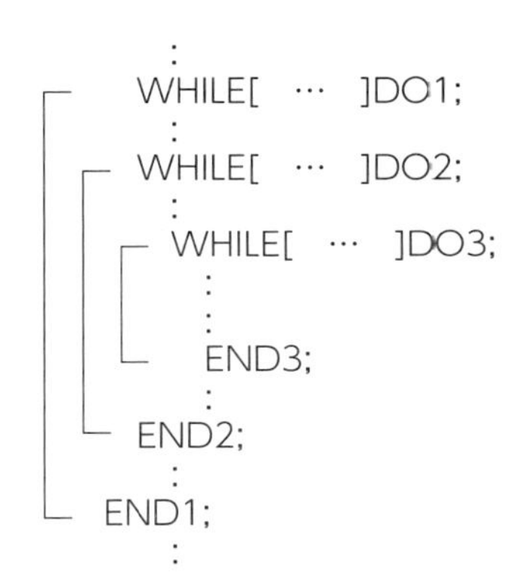

図6-13　WHILE文の多重度の関係

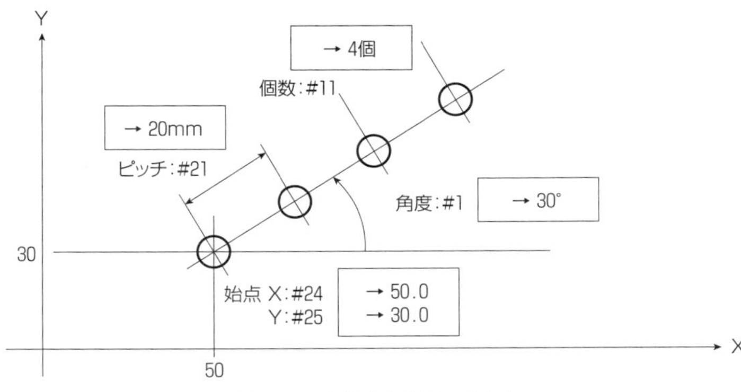

図6-14　直線上の等ピッチの穴

マクロプログラムは次のように考えて作成する.

① WHILE 文の条件式は穴数とし，カウントアップの変数として #100 を使う．はじめに #100=0 と定義する．カウントアップは #100=#100+1

②穴のピッチ U #21 の X 成分は #21＊COS[#1]，Y 成分は #21＊SIN[#1]

③第 1 穴と最終穴を例外とし，第 2 穴をアブソリュート G90 で表わすことを考える.

X 方向　　#110=#24+[#21＊#100]＊COS[#1];

Y 方向　　#120=#25+[#21＊#100]＊SIN[#1];

```
O110 (LINEAR BOLT HOLE) ;
#100 = 0;
WHILE[#100 LT #11] DO1;
#110 = #24 + [#21＊#100] ＊COS[#1]
#120 = #25 + [#21＊#100] ＊SIN[#1];
G90 X#110 Y#120;
#100 = #100 + 1;
END1;
M99;
```

穴あけのメインプログラムは次のようにつくる.

```
O111 (MAIN) ;
G90 G54 G00 X0 Y0 S1000 M3;
Z100.0;
/M8;
G99 G81 Z-30.0 R2.0 F500 L0;
G65 P110 X50.0 Y30.0 A30.0 U20.0 H4.0;
G80;
G90 G00 Z100.0 M9;
X0 Y0 M5;
M30;
```

(2) 円弧上の穴加工 (Circular Bolt Hole)

図 6-15 の円弧上の 5 個の穴の位置決めのマクロプログラムをつくる.

最初の穴 1 の角度	A	#1=30.0
穴の等ピッチの角度	B	#2=20.0
円弧半径	R	#18=50.0
穴の個数	H	#11=5

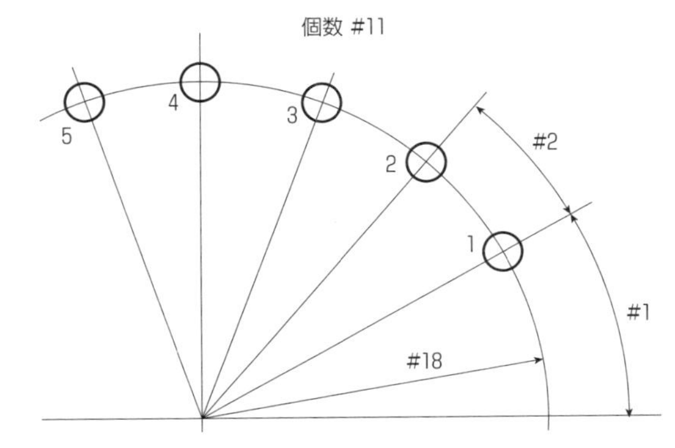

図6-15　円弧上の等ピッチの穴

```
O211 (MAIN) ;
G90 G54 G00 X0 Y0 S1000 M3;
Z100.0;
/M8;
G99 G81 Z-30.0 R2.0 F1000 L0;
G65 P210 A30.0 B20.0 R50.0 H5.0;
G80;
G90 G00 Z100.0;
X0 Y0 M5;
M30;

O210 (MACRO) ;
WHILE [#11 GT 0] DO1;
G90 X[#18＊COS[#1]]  Y[#18＊SIN[#1]];
#1 = #1 + #2;
#11 = #11 - 1;
END1;
M99;
```

(3) 平面削りのマクロプログラム

図 6-16 において，原点 O で Z 軸高さ 100 をスタート位置とし，早送りで Z0 まで下降してさらに A 点まで移動する．マクロプログラム O310 を呼出して A → B → C → D → E と移動する平面削りを 3 回繰返して行なう．加工後に Z 高さ 100 に上昇して原点に戻る．

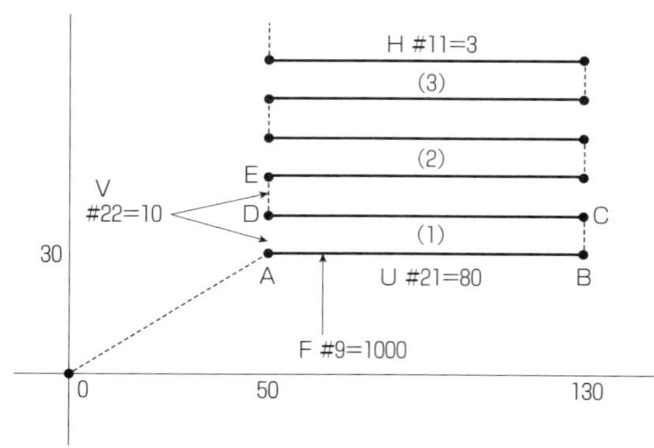

図6-16　平面削り繰返しのマクロ

このためのメインプログラム O311 を作成する．はじめに，A ～ E のマクロプログラムを作成する．

下記のアドレスとローカル変数を使用する．

X 軸方向の切削長さ	U	#21=80.0
Y 軸方向のシフト量	V	#22=10.0
繰返し回数 (A ～ E で 1 回)	H	#11=3
送り速度	F	#9=1000.0

```
O311 (MAIN) ;
G90 G54 G00 X0 Y0;
Z100.0;
Z0;
X50.0 Y30.0;
G65 P310 U80.0 V10.0 H3.0 F1000.0;
G90 G00 Z100.0;
X0 Y0;
M30;

O310 (MACRO) ;
#100 = 1;
WHILE[#100 LE #11] DO1 ;
G91 G01 X#21 F#9;
G00 Y#22;
G01 X-#21;
G00 Y#22;
#100 = #100 + 1;
END1;
M99;
```

(4) 四角錐台の加工

図 6-17 の**四角錐台**を削り出すためのマクロプログラム O410 を作成する．

四角錐台は上側 A × B，下側 I × J，高さ C とし，高さを分割数 H で分割し，下側から上側に向けて加工する．加工において，エンドミル（工具径は 0 と想定する）は工作物中心からの距離 K を起点とする円弧でアプローチし，工作物を一周して加工し，接円でリトラクトする．

メインプログラム O411（MAIN）は，原点 O で Z 軸高さ 100 をスタート位置とし，マクロ単純呼出し G65 で上記のマクロプログラム O410 を呼出して繰返して加工を行ない，加工後に Z 高さ 100 のスタート点に戻ることを指令する．

下記のアドレスとローカル変数を使用する．

上側横巾	A	#1=20.0
上側縦巾	B	#2=30.0
下側横巾	I	#4=40.0
上側縦巾	J	#5=60.0
高　さ	C	#3=20.0
分割数	H	#11=5.0
中心距離	K	#6=60.0
送り速度	F	#9=1000.

```
O411 (MAIN) ;
G90 G54 G00 X0 Y0;
Z100.0;
G65 P410 A20.0 B30.0 I40.0 J60.0 C20.0 H5.0 K60.0
F1000.0;
G90 G00 Z100.0;
M30;

O410 (MACRO) ;
#110 = #4 / 2;
#111 = [#4-#1] / [#11 * 2];
#120 = #5 / 2;
#121 = [#5-#2] / [#11 * 2];
#130 = #3 / #11;
#140 = #6 - #110;
#33 = #5003;
G90 G00 X#6;
Z0;
G01 Z-#3 F500;
WHILE [0 LE #11] DO1;
G91 G00 Y#140;
```

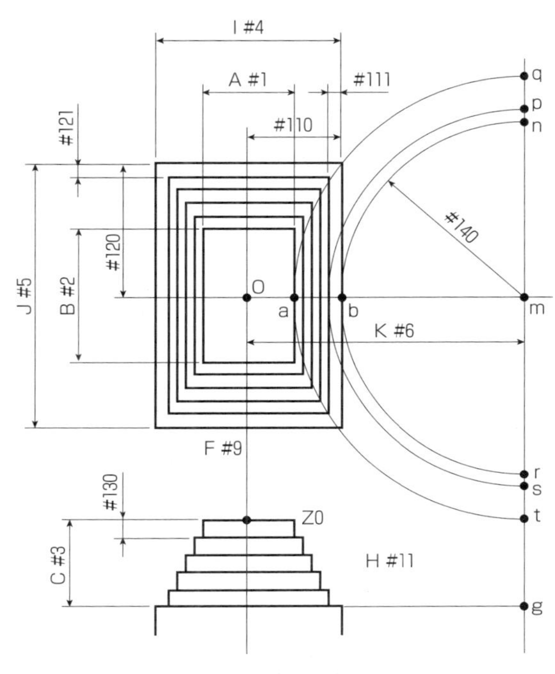

図6-17　四角錐台の削り出し

```
G03 X-#140 Y-#140 J-#140 F#9;
G01 Y-#120;
X-[#110 * 2];
Y[#120 * 2];
X[#110 * 2];
Y-#120;
G03 X#140 Y-#140 I#140;
G00 Y#140;
Z#130;
#140 = #140 + #111;
#110 = #110 - #111;
#120 = #120 - #121:
#11 = #11 - 1;
END1;
G90 G00 Z#33;
X0;
M99;
```

(5) 円ポケット深堀のマクロプログラム

図 6-18 のように半径方向の拡大の動きに深さ方向の掘込みを加えた**円ポケットの荒加工**のマクロプログラムをつくる．マクロプログラムは 2 重の WHILE 文を使用する．このプログラムにはまだエンドミル径の要素をいれていない．メインプログラムはスタート位置のみ指令し，その後はマクロプログラムによるものとして次のような考えかたでつくる．

エンドミルは R 点まで早送りで下降し，切込み量 Q で下方に切込む．ここで半径方向に拡大幅 H ずつ拡大してポケット加工を行なう．指定した半径に達すると中心に戻る．Z 方向の掘込みと半径方向の拡大を繰返し，指定した深さに達したら加工を終了し，スタート位置に戻る．

下記のアドレスとローカル変数を使用する．

加工円の半径	I	#4=50.0
早送り接近点	R	#18=5.0
穴底 Z 点	Z	#26= -25.0
1 回の拡大巾	H	#11=15.0
送り速度	F	#9=1000.0
Z 方向の送り速度	S	#19=500.0
1 回の切込み量	Q	#17=8.0

```
O511 (MAIN) ;
G90 G54 G00 X0 Y0 S1000 M3;
Z100.0;
/M8;
G65 P510 I50.0 R5.0 Z-25.0 H15.0 F1000.0 S500.0
Q8.0;
```

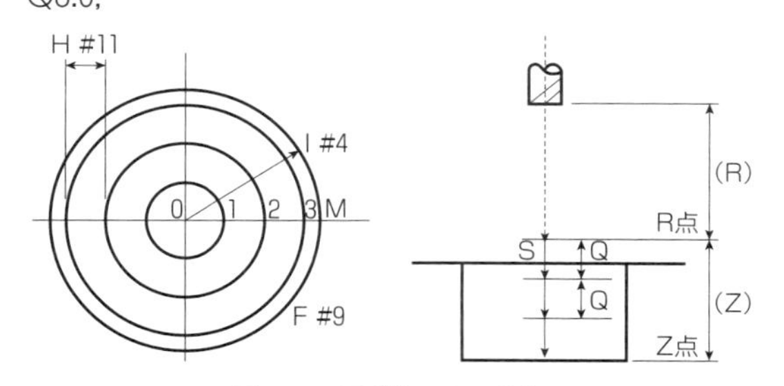

図6-18　円ポケットの荒加工

```
/M9;
M5;
M30;

O510 (MACRO) ;
#31 = #4003;
#32 = #4001;
#33 = #5003;
G90 G00 Z#18;
#110 = #18;            #110 は最初の加工の刃先高さ
#111 = -[#17-#18];     #111 は一周円の加工の穴底の高さ
WHILE[#111 GT #26] DO1;
G91 G01 Z-#17 F#19;
#120 = #11;
WHILE[#120 LT #4] DO2;
G90 G01 X#120 F#9;
G03 I-#120;
#120 =#120 + #11;
END2;
G01 X#4;
G03 I-#4;
G00 X0;
#111 = #111 - #17;
END1;
G90 G01 Z#26 F#19;
#120 = #11;
WHILE[#120 LT #4] DO2;
G90 G01 X#120 F#9;
G03 I-#120;
#120 = #120 + #11;
END2;
G01 X#4;
G03 I-#4;
G00 X0;
G90 Z#33;
G#31 G#32 M99;
```

＊メインプログラム O511 の描画を図 6-19 に示す．

エンドミル径については，2-1の(2)システム変数の説明（➡ p.112）のなかで取り上げたプログラム #30= #[2000+#7] を使って工具半径を取り込み，マクロプログラムを変更する．

(6) 楕円錐台の加工

図6-20の楕円錐台を削り出すためのマクロプログラム O610 (MACRO) を作成する．

楕円錐台は下側楕円の大円Iと小円J，上側楕円の大円Uと小円V，高さCとし，高さを分割数Hで分割し，下側から上側に向けて加工する．加工において，エンドミルは工作物中心からの距離Kを起点とする円弧でアプローチし，工作物を一周して加工し，接円でリトラクトする．

メインプログラム O 611 は，原点Oで Z 軸高さ 100 をスタート位置とし，マクロ単純呼出し G65 で上記のマクロプログラムO 610 を呼出して繰返して加工を行ない，加工後に Z 高さ 100 のスタート点に戻ることを指令する．

下記のアドレスとローカル変数を使用する．

楕円下側の大円半径	I	#4=40.0
小円半径	J	#5=25.0
楕円上側の大円半径	U	#21=16.0
小円半径	V	#22=10.0
楕円の分割角度	A	#1=10.0
スタート角度	B	#2=0
高さ	C	#3=20.0
高さ分割数	H	#11=5.0
中心距離	K	#6=60.0
送り速度	F	#9=1000.0

```
O611 (MAIN) ;
G90 G54 G00 X0 Y0;
Z100.0;
G65 P610 I40.0 J25.0 U16.0 V10.0 A10.0 B0 C20.0
H5.0 K60.0 F1000.0;
G90 G00 Z100.0;
M30;
```

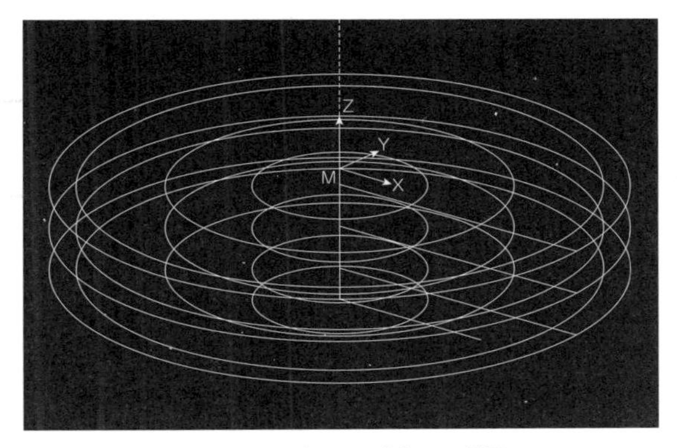

図6-19　円ポケット荒加工の描画

```
O610 (MACRO) ;
#110 = [#4-#21] / #11;
#120 = [#5-#22] / #11;
#130 = #3 / #11;
#140 = #6 - #4;
#33 = #5003;
```

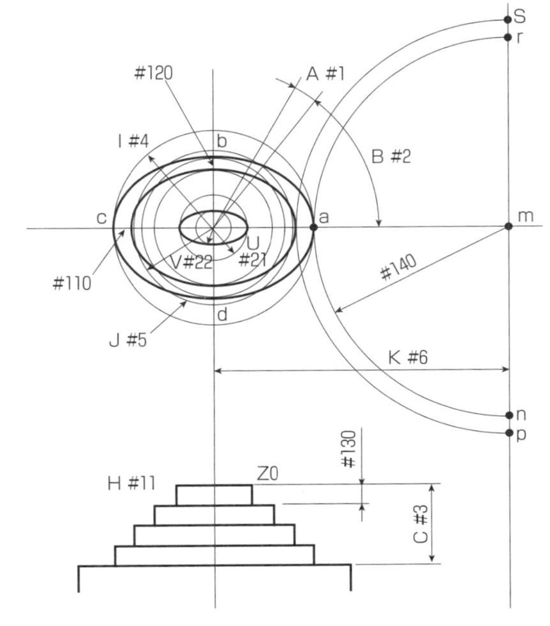

図6-20　楕円錐台の削り出し

```
G90 G00 X#6;
Z0;
G01 Z-#3 F500;
WHILE [0 LE #11] DO1;
G91 G00 Y-#140;
G02 X-#140 Y#140 J#140 F#9;
WHILE [#2 LE 360.0] DO2;
#111 = #4 * COS[#2];
#121 = #5 * SIN[#2];
G90 G01 X#111 Y#121;
#2 = #2 + #1;
END2;
G91 G02 X#140 Y#140 I#140;
G00 Y-#140;
Z#130;
#140 = #140 + #110;
#4 = #4 - #110;
#5 = #5 - #120;
#11 = #11 - 1;
#2 = 0;
END1;
G90 G00 Z#33;
X0;
M99;
```

カスタムマクロプログラムによる加工作品

新人研修で参加者が自由課題でつくった作品．素材：A5052，100 × 100 × 30

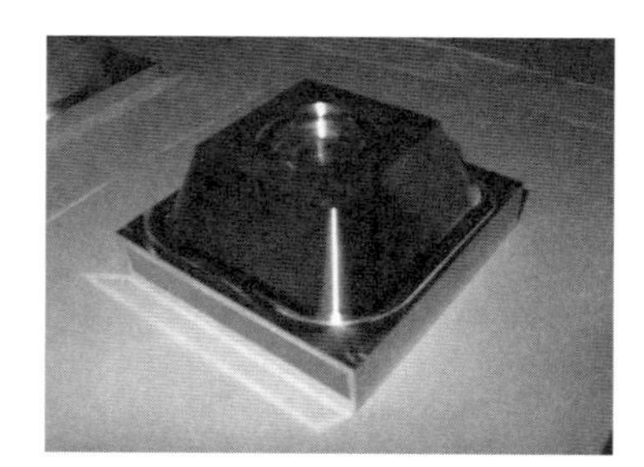

ローカル変数・コモン変数・システム変数 一覧表

（NC 制御装置 FANUC Series 16MA の場合の変数一欄表を次に示す.）

ローカル変数

		#0（空）
A	A	#1
B	B	#2
C	C	#3
I	I_1	#4
J	J_1	#5
K	K_1	#6
D	I_2	#7
E	J_2	#8
F	K_2	#9
	I_3	#10
H	J_3	#11
	K_3	#12
M	I_4	#13
	J_4	#14
	K_4	#15
	I_5	#16
Q	J_5	#17
R	K_5	#18
S	I_6	#19
T	J_6	#20
U	K_6	#21
V	I_7	#22
W	J_7	#23
X	K_7	#24
Y	I_8	#25
Z	J_8	#26
	K_8	#27
	I_9	#28
	J_9	#29
	K_9	#30
	I_{10}	#31
	J_{10}	#32
	K_{10}	#33

コモン変数（非保持形）

#100
#101
#102
#103
#104
～
#499

コモン変数（保持形）

#500
#501
～
#999

*コモン変数の数は
オプションで変わる

工具オフセット量

#2001	工具オフセット番号 1
#2002	工具オフセット番号 2
～	～
#2200	工具オフセット番号 200

ワークオフセット量

#5201 5202 5215	第1軸外部ワーク原点オフセット量 第2軸　オフセット量 第15軸　オフセット量
#5221 5235	第1軸外部ワーク原点(G54)オフセット量 第15軸　オフセット量
#5241 5244	第1軸外部ワーク原点(G55)オフセット量 第15軸　オフセット量
#5261 5275	第1軸外部ワーク原点(G56)オフセット量 第15軸　オフセット量
#5281 5295	第1軸外部ワーク原点(G57)オフセット量 第15軸　オフセット量
#5301 5315	第1軸外部ワーク原点(G58)オフセット量 第15軸　オフセット量
#5321 5335	第1軸外部ワーク原点(G59)オフセット量 第15軸　オフセット量

位置データ（代入不可）

#5001	X　ブロック終点位置
#5002	Y　〃
#5003	Z　〃
#5004	4TH　〃
#5021	X　現在位置(MT)
#5022	Y　〃
#5023	Z　〃
#5024	4TH　〃
#5041	X　現在位置（ワーク）
#5042	Y　〃
#5043	Z　〃
#5044	4TH　〃
#5061	X　G31スキップ位置
#5062	Y　〃
#5063	Z　〃
#5064	4TH　〃
#5083	工具オフセット量

*移動中，読み取ることのできるのは，
#5001～#5004,#5061～#5064

各コード（代入不可）

#4102	Bコード
#4109	Fコード
#4111	Hコード
#4113	Mコード
#4114	シーケンス番号
#4115	プログラム番号
#4119	Sコード
#4120	Tコード

Gコード（代入不可）

#4001	G00,G01,G02,G03
#4002	G17,G18,G19
#4003	G90,G91
#4005	G94,G95
#4006	G20,G21
#4007	G40,G41,G42
#4008	G43,G44,G49
#4009	G73,G74,G76,G80～
#4010	G98,G99
#4011	G50,G51
#4012	G65,G66,G67
#4014	G54～G59
#4015	G61～G64
#4016	G68,G69

タイマ & コントロール

#3000	P/Sアラーム　(0≦n<99)
#3001	クロック1 [ms]
#3002	クロック2 [hour]
#3003	シングルブロック制御
#3004	フィードホールド制御

時計情報

年月日	#3011
時分秒	#3012

部品数

#3901	加工部品数
#3902	所要部品数

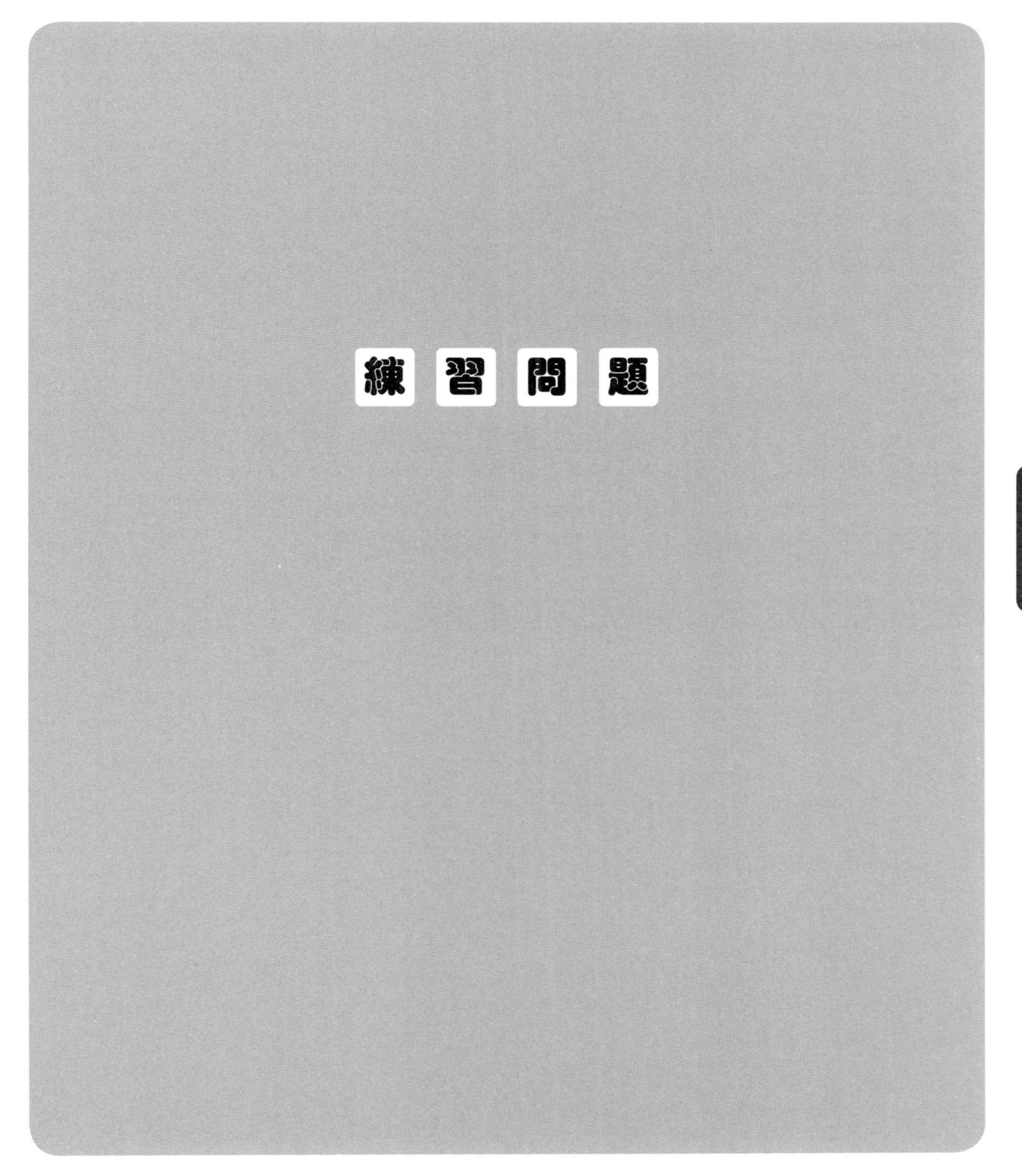
練習問題

＊練習問題は全部で12題あります．
解答は，問題の次の頁に置きました．

第１題　**四角形状を一周する**

第２題　**真円形状を一周する**

第３題　**ひょうたん形状を一周する**

第４題　**エンドミルで四角形状を加工する**

第５題　**エンドミルで真円内径を仕上げる**

第６題　**エンドミルでひょうたん形状の外形を仕上げる**

第７題　**エンドミルで欠円の外側を仕上げる**

第８題　**サブプログラム**
４つの四角い形状の上を移動するプログラム

第９題　**サブプログラム**
円弧を含む四角形状の外周側面をエンドミルで加工するプログラム

第10題　**固定サイクル**
円周上の穴を加工するプログラム

第11題　**固定サイクル**
直線上の穴を加工するプログラム

第12題　**固定サイクル**
３列の直線上の穴を加工するプログラム
― 繰返し回数とサブプログラムを使う

第 1 題

四角形状を一周する

第2章 3-4(p.35)

下図の四角い形状の上を移動するプログラムをABS，INCの2通りで作成しなさい.

Z 軸スタート点は工作物上面から 100mm 上で，XY 軸の原点から早送りで右上 A 点に移動する．工作物上面より 5mm 上の位置まで早送りで下がり，さらに切込み深さ 10mm まで F500 で下がる．

図のように A から B へ X 軸のマイナス方向にアプローチし，送り速度 F1000 で四角を 1 周し，C から A に戻る．最後に Z 軸スタート点の高さ 100mm へ早送りで移動し，XY 軸の原点に戻る．

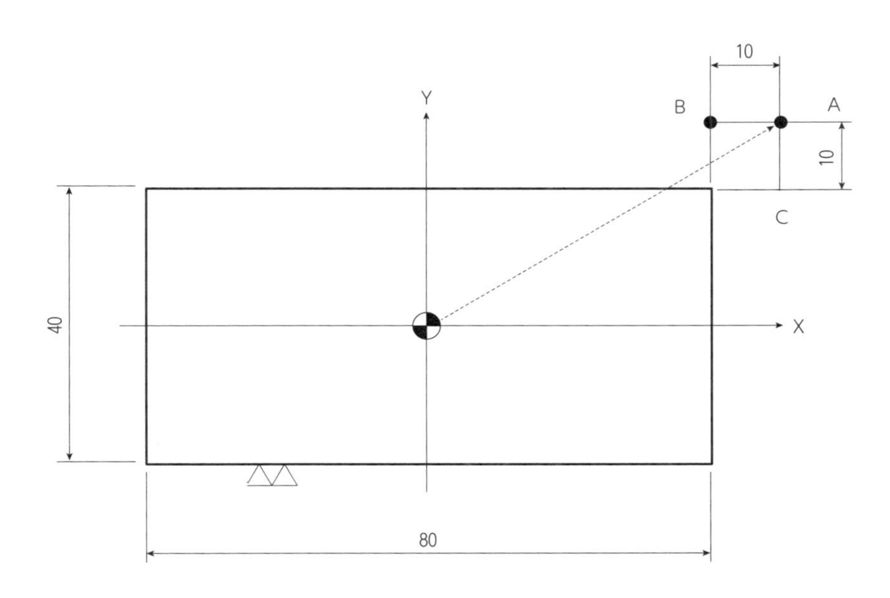

解答例

```
O1001(ABS);
G90 G54 G00 X0 Y0 S1000 M3;
Z100.0;
X50.0 Y30.0;
Z5.0;
G01 Z-10.0 F500;
X40.0;
Y-20.0 F1000;
X-40.0;
Y20.0;
X50.0;
Y30.0;
G00 Z100.0;
X0 Y0 M5;
M30;
```

```
O1002(INC);
G 90 G54 G00 X0 Y0 S1000 M3;
Z100.0;
G91 X50.0 Y30.0;
Z-95.0;
G01 Z-15.0 F500;
X-10.0;
Y-40.0 F1000;
X-80.0;
Y40.0;
X90.0;
Y10.0;
G00 Z110.0;
X-50.0 Y-30.0 M5;
M30;
```

第2題

真円形状を一周する

第2章 3-4(p.35)

下図の真円形状の上を移動するプログラムをABS，INCの2通りで作成しなさい.

XY 軸は原点，Z 軸は工作物上面から 100mm 上をスタート位置とする．工作物上面より 5mm 上まで早送りで下がり，さらに切込み深さ 10mm まで F500 で下がる.

図のように A 点へ早送りで移動し，R20 で CCW 方向に送り速度 F1000 で B 点に移動する．次に R40 で CCW 方向に 1 周し，さらに R20 で C 点に移動する．最後に早送りで XY 軸の原点に戻り，Z 軸 100mm のスタート高さに戻る.

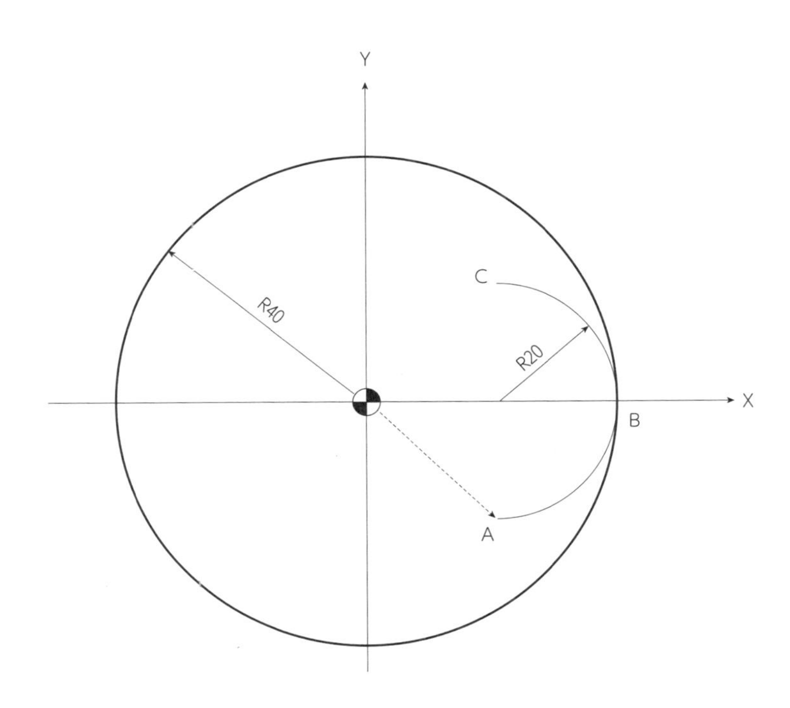

解答例

```
O1003(ABS);
G90 G54 G00 X0 Y0 S1000 M3;
Z100.0;
Z5.0;
G01 Z-10.0 F500;
G00 X20.0 Y-20.0;
G03 X40.0 Y0 J20.0;
I-40.0;
X20.0 Y20.0 I-20.0;
G00 X0 Y0;
Z100.0 M5;
M30;
```

```
O1004(INC);
G90 G54 G00 X0 Y0 S1000 M3;
Z100.0;
G91 Z-95.0;
G01 Z-15.0 F500;
G00 X20.0 Y-20.0;
G03 X20.0 Y20.0 J20.0;
I-40.0;
X-20.0 Y20.0 I-20.0;
G00 X-20.0 Y-20.0;
Z110.0 M5;
M30;
```

第 3 題

ひょうたん形状を一周する

第2章 3-4(p.35)

下図のひょうたん形状の上を移動するプログラムをABSで作成しなさい.

XY 軸は原点，Z 軸は工作物上面から 100mm 上をスタート位置とする．工作物上面より 5mm 上まで早送りで下がり，さらに切込み深さ 10mm まで F500 で下がる．

図のように X-30.0 に早送りで移動し，R30 で CW 方向に P1 まで移動する．P1 → P2 → P3 → P4 を通り，CW 方向に回って X-30.0 に移動する. 最後に早送りでXY 軸の原点に戻りＺ軸 100mm のスタート位置に戻る.

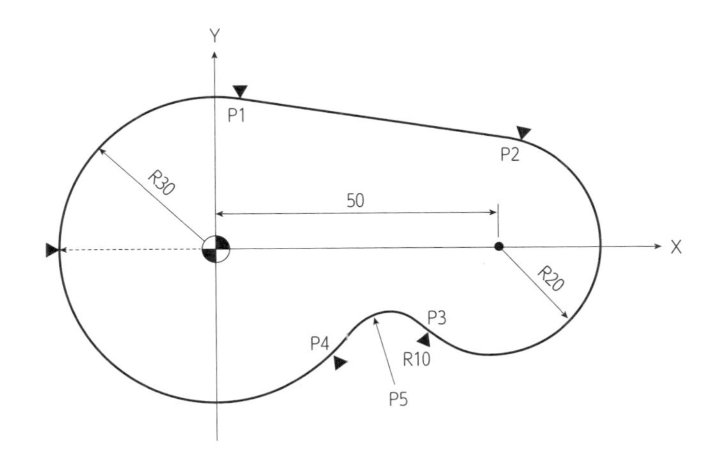

	X	Y
P1	6.000	29.394
P2	54.000	19.596
P3	38.000	−16.000
P4	24.000	−18.000
P5	32.000	−24.000

※ P5はR10の中心

解答例

```
O1005(ABS);
G90 G54 G00 X0 Y0 S1000 M3;
Z100.0;
Z5.0;
G01 Z-10.0 F500;
G00 X-30.0;
G02 X6.0 Y29.394 I30.0 F1000;
G01 X54.0 Y19.596;
G02 X38.0 Y-16.0 I-4.0 J-19.596;
G03 X-24.0 Y-18.0 I-6.0 J-8.0;
G02 X-30.0 Y0 I-24.0 J18.0;
G00 X0;
Z100.0 M5;
M30;
```

```
O1006(INC);
G90 G54 G00 X0 Y0 S1000 M3;
Z100.0;
G91 Z-95.0;
G01 Z-15.0 F500;
G00 X-30.0;
G02 X36.0 Y29.394 I30.0 F1000;
G01 X48.0 Y-9.798;
G02 X-16.0 Y-35.596 I-4.0 J-19.596;
G03 X-14.0 Y-2.0 I-6.0 J-8.0;
G02 X-54.0 Y18.0 I-24.0 J18.0;
G00 X30.0;
Z110.0 M5;
M30;
```

第 4 題

エンドミルで四角形状を加工する

第2章 4-3(p.38)

下図の四角い形状の外側をスクエアエンドミルϕ10で切削加工するプログラムを作成しなさい.

Z 軸スタート点は工作物上面から 100mm 上で，XY 軸の原点から早送りで右上 A 点に移動する．工作物上面より 5mm 上の位置まで早送りで下がり，さらに切込み深さ 10mm まで F500 で下がる．

図のように A → B の移動で工具径補正をかけ，送り速度 F1000 で四角外周側面を切削し，C → A の移動で工具径補正をキャンセルする．最後に Z 軸スタート点の高さ 100mm へ早送りで移動し，XY 軸の原点に戻る．

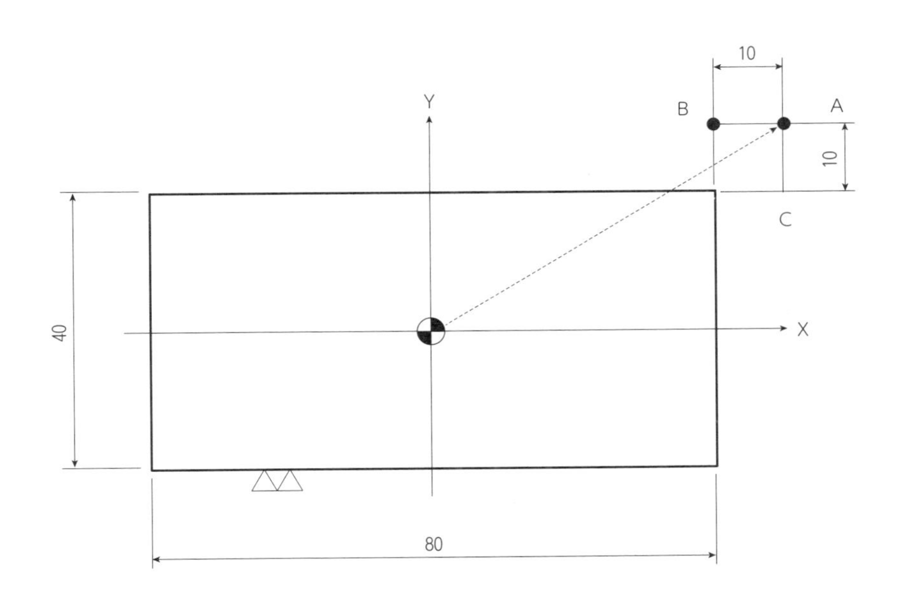

解答例

```
O1007(ABS);
G90 G54 G00 X0 Y0 S1000 M3;
Z100.0;
X50.0 Y30.0;
Z5.0;
G01 Z-10.0 F500;
G41 X40.0 D21;
Y-20.0 F1000;
X-40.0;
Y20.0;
X50.0;
G40 Y30.0;
G00 Z100.0;
X0 Y0 M5;
M30;
```

```
O1008(INC);
G90 G54 G00 X0 Y0 S1000 M3;
Z100.0;
G91 X50.0 Y30.0;
Z-95.0;
G01 Z-15.0 F500;
G41 X-10.0 D21;
Y-40.0 F1000;
X-80.0;
Y40.0;
X90.0;
G40 Y10.0;
G00 Z110.0;
X-50.0 Y-30.0 M5;
M30;
```

第 5 題

エンドミルで真円内径を仕上げる

第2章 4-3(p.38)

下図の真円の内径側面をスクエアエンドミルφ10で仕上加工するプログラムを ABS，INCの２通りで作成しなさい.

XY 軸は原点，Z 軸は工作物上面から 100mm 上をスタート位置とする．工作物上面より 5mm 上まで早送りで下がり，さらに切込み深さ 10mm まで F500 で下がる．

図のように早送りで A 点へ工具径補正をかけて移動し，R20 で CCW 方向に送り速度 F500 で B 点に移動する．次に R40 で CCW 方向に 1 周し，さらに R20 で C 点に移動する．最後に早送りで工具径補正をキャンセルしながら XY 軸の原点に戻り，Z 軸 100mm のスタート高さに戻る．

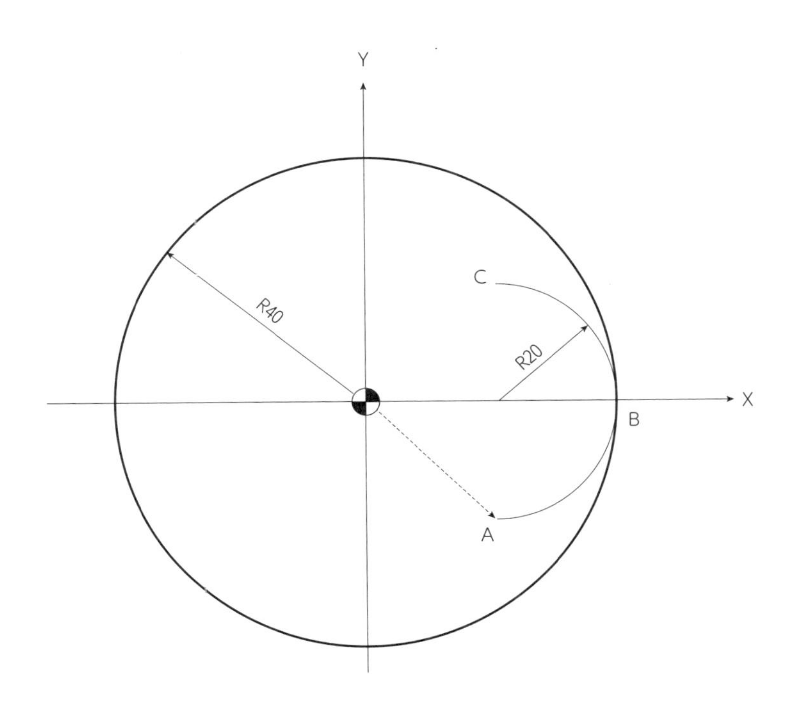

練習問題

解答例

```
O1009(ABS);
G90 G54 G00 X0 Y0 S1000 M3;
Z100.0;
Z5.0;
G01 Z-10.0 F500;
G41 G00 X20.0 Y-20.0 D21;
G03 X40.0 Y0 J20.0;
I-40.0;
X20.0 Y20.0 I-20.0;
G40 G00 X0 Y0;
Z100.0 M5;
M30;
```

```
O1010(INC);
G90 G54 G00 X0 Y0 S1000 M3;
Z100.0;
G91 Z-95.0;
G01 Z-15.0 F500;
G41 G00 X20.0 Y-20.0 D21;
G03 X20.0 Y20.0 J20.0;
I-40.0;
X-20.0 Y20.0 I-20.0;
G40 G00 X-20.0 Y-20.0;
Z110.0 M5;
M30;
```

第 6 題

エンドミルでひょうたん形状の外形を仕上げる

第2章 4-3(p.38)

下図のひょうたん形状の外形側面をスクエアエンドミルφ10で加工するプログラムを作成しなさい.

工具のスタート位置は XY 軸の原点，Z 軸は工作物上面から 100mm 上とする．早送りで A 点に移動し，工作物上面より 5mm 上まで早送りで下がり，さらに切込み深さ 10mm まで F500 で下がる．A 点から B 点へ工具径補正をかけて移動し，送り速度 F1000 で B から C へ CCW 方向にアプローチする．C から CW 方向に P1 まで側面削りを行なう．さらに P1 → P2 → P3 → P4 を通り，C まで CW 方向に側面削りを行なう．C から D に CCW でリトラクトする．D から A に工具径補正をキャンセルしながら早送りで移動する．Z 軸の高さ 100mm のスタート位置に移動し，XY 軸の原点に戻る．

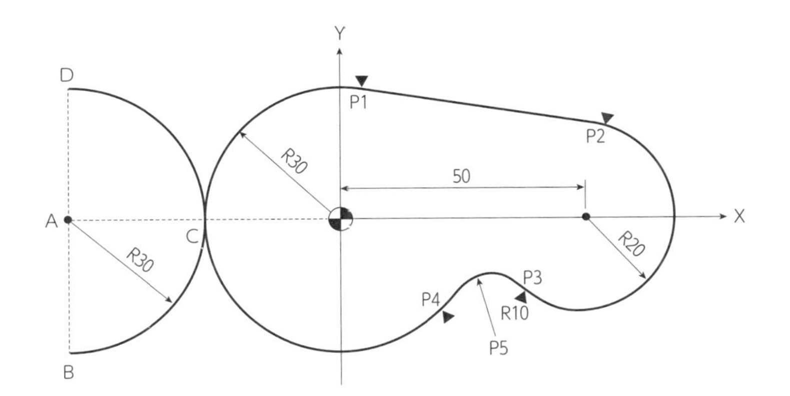

	X	Y
P1	6.000	29.394
P2	54.000	19.596
P3	38.000	−16.000
P4	24.000	−18.000
P5	32.000	−24.000

※P5はR10の中心

解答例

```
O1011(ABS);
G90 G54 G00 X0 Y0 S1000 M3;
Z100.0;
X-60.0;
Z5.0;
G01 Z-10.0 F500;
G41 G00 Y-30.0 D21;
G03 X-30.0 Y0 J30.0 F1000;
G02 X6.0 Y29.394 I30.0;
G01 X54.0 Y19.596;
G02 X38.0 Y-16.0 I-4.0 J-19.596;
G03 X24.0 Y-18.0 I-6.0 J-8.0;
G02 X-30.0 Y0 I-24.0 J18.0;
G03 X-60.0 Y30.0 I-30.0;
G40 G00 Y0;
Z100.0;
X0 M5;
M30;
```

```
O1012(INC);
G90 G54 G00 X0 Y0 S1000 M3;
Z100.0;
G91 X-60.0;
Z-95.0;
G01 Z-15.0 F500;
G41 G00 Y-30.0 D21;
G03 X30.0 Y30.0 J30.0 F1000;
G02 X36.0 Y29.394 I30.0;
G01 X48.0 Y-9.798;
G02 X-16.0 Y-35.596 I-4.0 J-19.596;
G03 X-14.0 Y-2.0 I-6.0 J-8.0;
G02 X-54.0 Y18.0 I-24.0 J18.0;
G03 X-30.0 Y30.0 I-30.0;
G40 G00 Y-30.0;
Z110.0;
X60.0 M5;
M30;
```

第 7 題

エンドミルで欠円の外側を仕上げる

第2章 4-3(p.38)

下図の欠円形状の外側をエンドミルφ10で切削加工するプログラムを作成しなさい.

Z 軸スタート点は工作物上面から 100mm 上で, XY 軸の原点から早送りで Y 軸 A 点に移動する. 工作物上面より 5mm 上の位置まで早送りで下がり, さらに切込み深さ 10mm まで F500 で下がる.

図のように A → B の移動で工具径補正をかけ, 送り速度 F1000 で B から C 点にアプローチし欠円外周側面を切削する. C → D の移動で逃げ, D → A で工具径補正をキャンセルする. 最後に Z 軸スタート点の高さ 100mm へ早送りで移動し, Y 軸の原点に戻る.

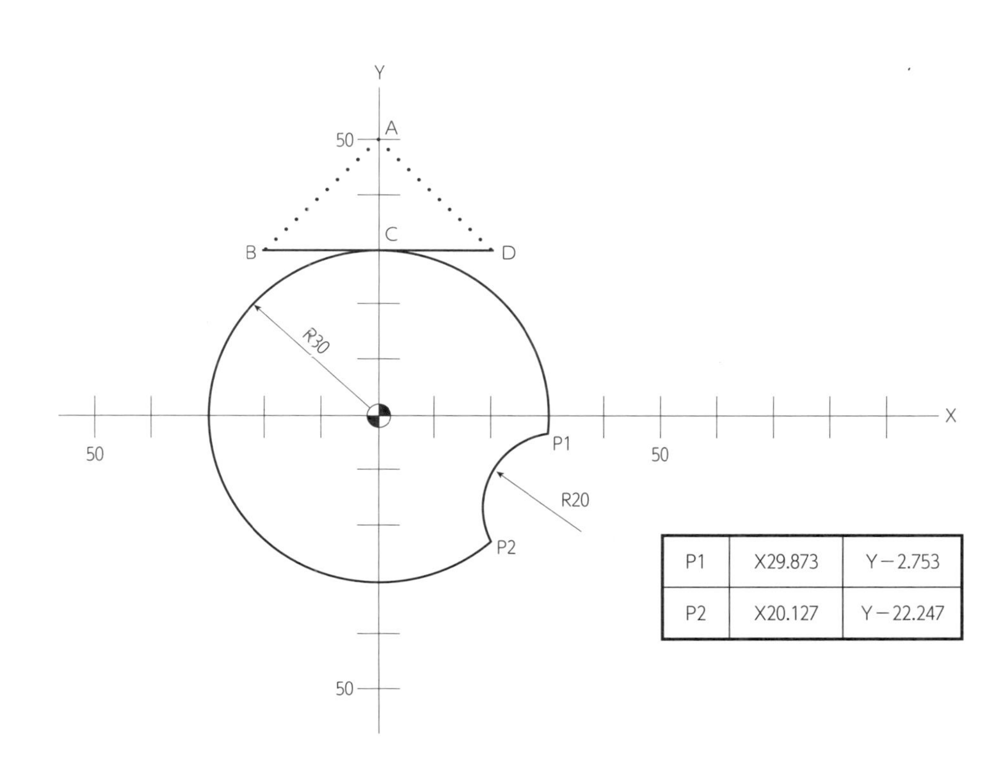

P1	X29.873	Y−2.753
P2	X20.127	Y−22.247

解答例

```
O1013(ABS);
G90 G54 G00 X0 Y0 S1000 M3;
Z100.0;
Y50.0;
Z5.0;
G01 Z-10.0 F500;
G41 G00 X-20.0 Y30.0 D21;
G01 X0 F1000;
G02 X29.873 Y-2.753 J-30.0;
G03 X20.127 Y-22.247 R20.0;
G02 X0 Y30.0 I-20.127 J22.247;
G01 X20.0;
G40 G00 X0 Y50.0;
Z100.0;
Y0 M5;
M30;
```

```
O1014(INC);
G90 G54 G00 X0 Y0 S1000 M3;
Z100.0;
G91 Y50.0;
Z-95.0;
G01 Z-15.0 F500;
G41 G00 X-20.0 Y-20.0 D21;
G01 X20.0 F1000;
G02 X29.873 Y-32.753 J-30.0;
G03 X-9.746 Y-19.494 R20.0;
G02 X-20.127 Y52.247 I-20.127 J22.247;
G01 X20.0;
G40 G00 X-20.0 Y20.0;
Z110.0;
Y-50.0 M5;
M30;
```

第 8 題

サブプログラム

第2章 5-2(p.41)

下図の４つの四角い形状の上を移動するプログラムを
メインプログラム，サブプログラムで作成しなさい．

Z 軸スタート点は工作物上面から 100mm 上で，XY 軸の原点は左下である．Z 軸スタート点より 5mm 上の位置まで早送りで下がり，さらに切込み深さ 10mm まで F500 で下がる．

ここから図のように A から B，C,D,E の四角形を送り速度 F1000 で 1 周し，E から原点に戻る．これを 1 から 4 までくりかえし，最後に XY の原点，Z 軸の高さ 100mm のスタート点へ早送りで移動に戻る．

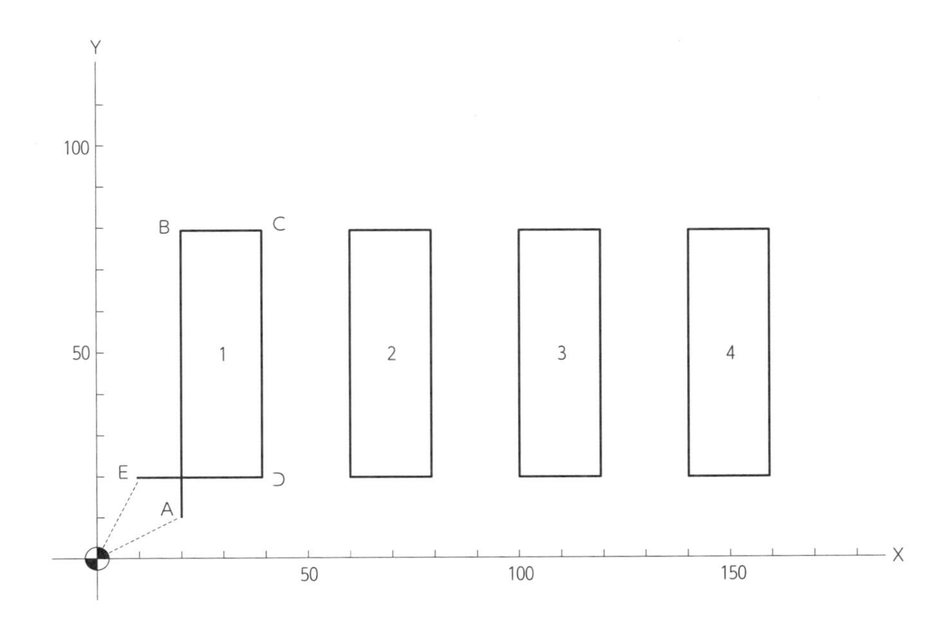

練習問題

解答例

```
O1015(MAIN);
G90 G54 G00 X0 Y0 S1000 M3;
Z100.0;
Z5.0;
G01 Z-10.0 F500;
M98 P1016 L4;
G90 G00 X0;
Z100.0 M5;
M30;
```

```
O1016(SUB);
G91 G00 X20.0 Y10.0;
G01 Y70.0 F1000;
X20.0;
Y-60.0;
X-30.0;
G00 X-10.0 Y-20.0;
X40.0;
M99;
```

工具径補正を使用する場合

```
O1017(MAIN);
G90 G54 G00 X0 Y0 S1000 M3;
Z100.0;
Z5.0;
G01 Z-10.0 F500;
M98 P1016 L4;
G90 G00 X0;
Z100.0 M5;
M30;
```

```
O1018(SUB);
G91 G41 G00 X20.0 Y10.0 D21;
G01 Y70.0 F1000;
X20.0;
Y-60.0;
X-30.0;
G40 G00 X-10.0 Y-20.0;
X40.0;
M99;
```

第 9 題

サブプログラム

第2章 5-2(p.41)

下図の円弧を含む四角形状の外周側面をエンドミルφ10で加工するプログラムを、メインプログラムとサブプログラムを使って作成しなさい。

Z 軸方向は工作物上面から 100mm 上を, XY 軸は左下の原点マークの位置を工具のスタート点とする. スタート点より工作物上面 5mm の位置まで早送りで下がり, さらに工作物上面まで送り速度 F500 で下がる. ここから 1 回の切込み深さを 10mm とし, 工具径補正 G41 の下向き削り, 送り速度 F1000 で外周側面削りを行ない, 深さ方向に 5 回繰返して切込み深さ 50mm まで加工する. 加工後スタート位置に戻る.

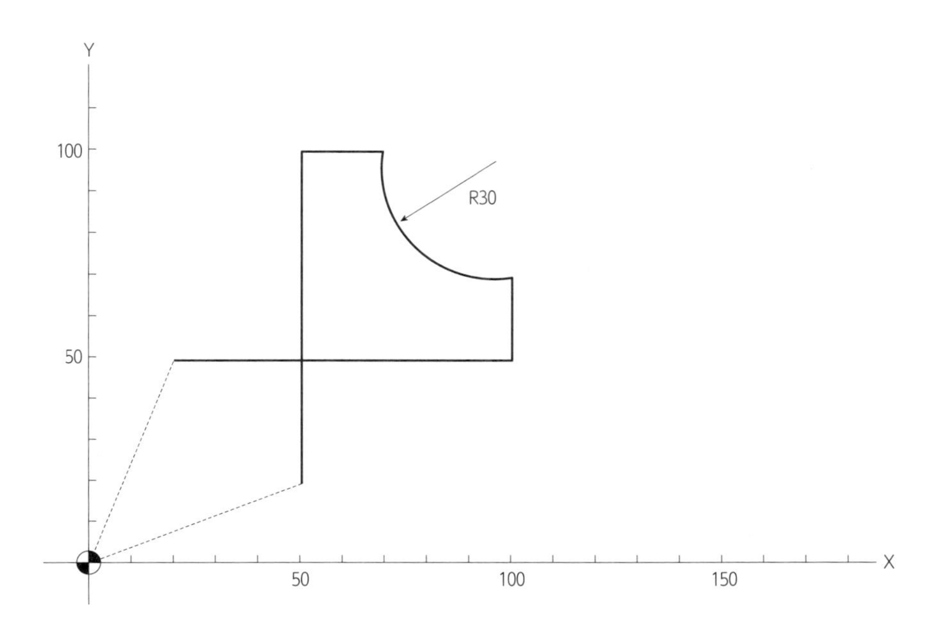

解答例

```
O1019(MAIN);
G90 G54 G00 X0 Y0 S1000 M3;
Z100.0;
Z5.0;
G01 Z0 F500;
M98 P1020 L5;
G90 G00 Z100.0 M5;
M30;
```

```
O1020(SUB);
G91 G01 Z-10.0 F500;
G41 G00 X50.0 Y20.0 D21;
G01 Y80.0 F1000;
X20.0;
G03 X30.0 Y-30.0 I30.0;
G01 Y-20.0;
X-80.0;
G40 G00 X-20.0 Y-50.0;
M99;
```

第10題

固定サイクル

第2章 6-4(p.46)

下図の円周上の穴 a を加工するプログラムをABS，INCの2通りで作成しなさい.

工作物上面から100mm上で，XY軸の原点をスタート点とする.

ドリルサイクル G81 を使用し，R点は工作物上面から5mm上，送り速度 F500 とする.

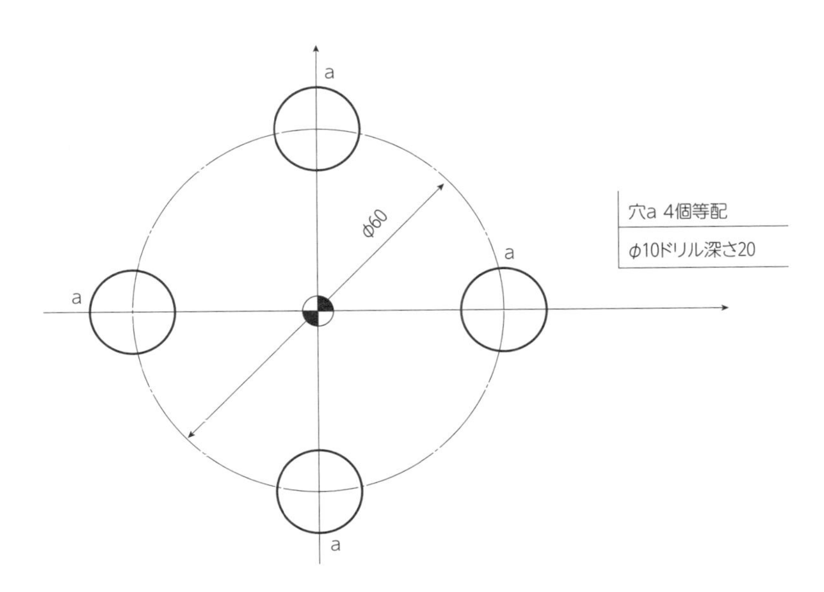

練習問題

解答例

```
O1021(ABS);
G90 G54 G00 X0 Y0 S1000 M3;
Z100.0;
G99 G81 X30.0 R5.0 Z-23.0 F500;
X0 Y30.0;
X-30.0 Y0;
G98 X0 Y-30.0;
G80 Y0 M5;
M30;
```

```
O1022(INC);
G90 G54 G00 X0 Y0 S1000 M3;
Z100.0;
G91 G99 G81 X30.0 R-95.0 Z-28.0 F500;
X-30.0 Y30.0;
X-30.0 Y-30.0;
G98 X30.0 Y-30.0;
G80 Y30.0 M5;
M30;
```

*a=5のとき
b=0.6×5
 =3
深さ20のとき，23.0とする

$b = 0.6 \times a$

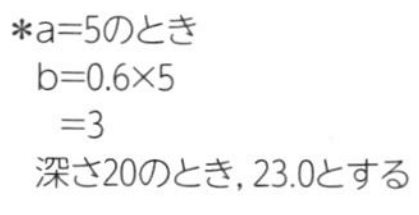

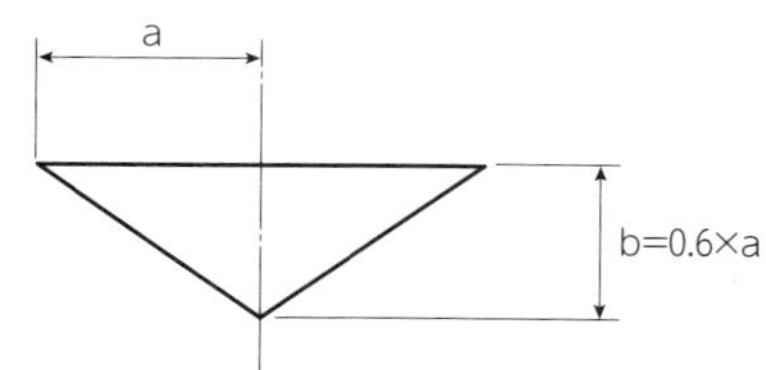

第11題

固定サイクル

第2章 6-4(p.46)

下図の直線上の穴 b を加工するプログラムをABS，INCの２通りで作成しなさい.

工作物上面から100mm 上で，XY 軸の原点をスタート点とする.

深穴あけサイクル G73，R 点は工作物上面から5mm 上，切り込み量 Q3.0，送り速度 F500 とする.

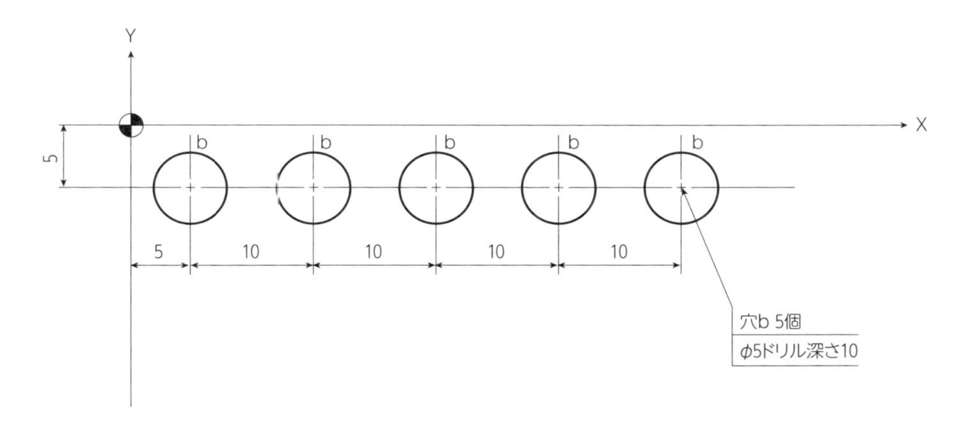

解答例

```
O1023(ABS);
G90 G54 G00 X0 Y0 S1000 M3;
Z100.0;
G99 G73 X5.0 Y-5.0 R5.0 Z-12.5 Q3.0 F500;
X15.0;
X25.0;
X35.0;
G98 X45.0
G80 X0 Y0 M5;
M30;
```

```
O1024(INC);
G90 G54 G00 X0 Y0 S1000 M3;
Z100.0;
G99 G73 X-5.0 Y-5.0 R5.0 Z-12.5
Q3.0 F500 L0;
G91 X10.0 L4;
G98 X10.0;
G90 G80 X0 Y0 M5;
M30;
```

```
O1025(ABS);
G90 G54 G00 X0 Y0 S1000 M3;
Z100.0;
G99 G73 R5.0 Z-12.5 Q3.0 F500 L0;
M98 P1026;
G90 G80 X0 Y0 M5;
M30;
```

```
O1026(INC);
G90 X-5.0 Y-5.0 L0;
G91 X10.0 L4;
G98 X10.0;
M99;
```

第12題

固定サイクル

第2章 6-4(p.46)

下図の3列の直線上の穴を加工するプログラムを繰返し回数とサブプログラムを使って作成しなさい。

工作物上面から100mm上で，XY軸の原点をスタート点とする.

固定サイクルの荒ボーリング G86，R点は工作物上面から5mm上，送り速度 F500 とする.

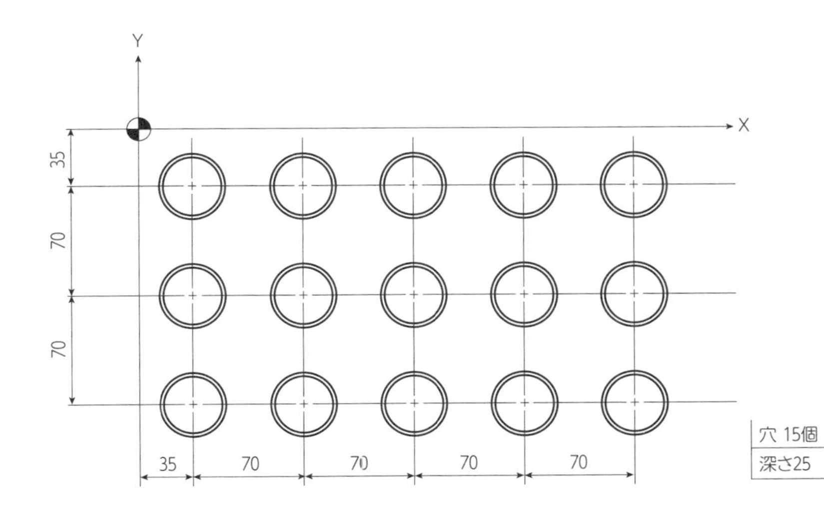

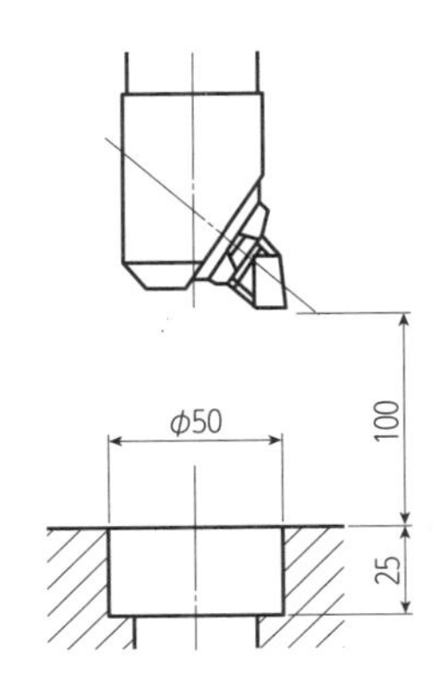

練習問題

解答例

```
O1027(MAIN);
G90 G54 G00 X0 Y0 S1000 M3;
Z100.0;
G99 G86 R5.0 Z-25.0 F500 L0;
M98 P1028;
G90 G80 X0 Y0 M5;
M30;
```

```
O1028(SUB);
G90 X-35.0 Y-35.0 L0;
G91 X70.0 L5;
G90 X-35.0 Y-105.0 L0;
G91 X70.0 L5;
G90 X-35.0 Y-175.0 L0;
G91 X70.0 L4;
G98 X70.0;
M99;
```

```
O1029(MAIN);
G90 G54 G00 X0 Y0 S1000 M3;
Z100.0;
G99 G86 R5.0 Z-25.0 F500 L0;
M98 P1030;
G90 G80 X0 Y0 M5;
M30;
```

```
O1030(SUB);
G90 X35.0 Y-35.0;
G91 X70.0 L4;
Y-70.0;
X-70.0 L4;
Y-70.0;
X70.0 L3;
G98 X70.0;
M99;
```

付　録

実用切削条件一覧表

（切削速度と送り速度）

付
録

記

金属の切削における加工条件は被削材，工具，機械，取付け具などの要因で決定される．

ここではマシニングセンタやフライス盤の加工において実際的に使用する切削条件（切削速度と送り）を被削材３種，工具材種２種，５種類の工具の荒削り，仕上削りとの組合わせに対してまとめた．

・被削材の材質は鋼 (S45C)，鋳鉄 (FC20)，アルミニウム (AC3A) の３種類．
・工具材種は超硬 (P10，K10)，ハイスの２種類．
・工具は，正面フライス，中ぐり，エンドミル，ドリル，タップの５種類．

切削条件は，具体的には主軸回転速度と送り速度に表わされるので，工具径・加工径の大きさに対応して早見表としてまとめた．

この実用切削条件一覧表はひとつの目安であり，最良の切削条件ということではない．実際に切削して判断することが肝要である．

切削条件の求めかた

●切削速度(V)

$$V = \frac{\pi \cdot D \cdot N}{1000} \text{ m/min}$$

$$V = \frac{\pi \times カッタの直径\ D(\text{mm}) \times 主軸回転速度\ N}{1000} \text{ m/min}$$

(1000 で割るのは mm を m に直すため)

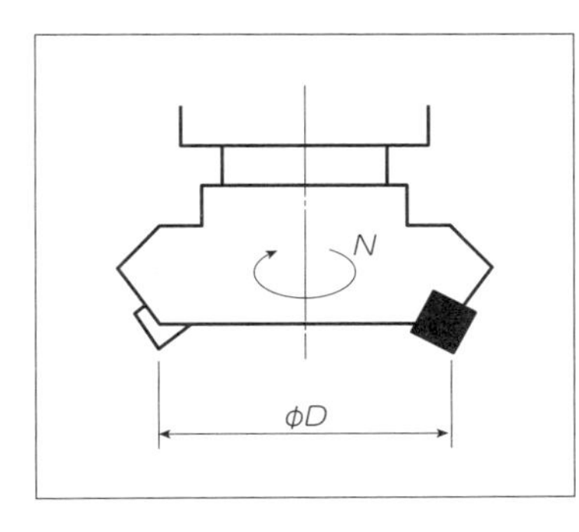

[例] 主軸回転速度350min^{-1}，カッタ径φ125で切削するときの切削速度を求める.

[答] 公式に$\pi = 3.14$，$D = 125$，$N = 350$ を代入して，

$$V = \frac{\pi \cdot D \cdot N}{1000} = \frac{3.15 \times 125 \times 350}{1000} = 137\text{m/min}$$

これにより切削速度は137m/min となる.

●送り速度(F)

$F = Sz \cdot Z \cdot N$ mm/min

送り速度(F)=1 刃当りの送り(Sz)×工具の刃数(Z)×工具の回転数(N)

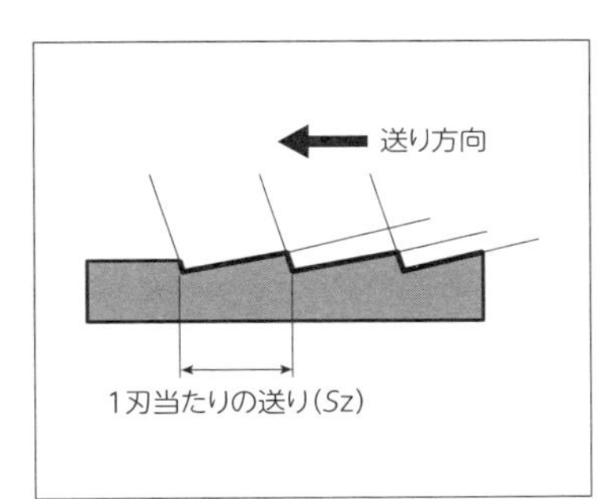

[例] 1 刃当りの送り量0.1mm，カッタの刃数10枚を使って，主軸回転速度 500min^{-1} のときの送り速度を求める. 公式に当てはめると，次のようになる.

[答] $F = Sz \cdot Z \cdot N$=0.1×10×500=500mm/min

(参考) 中ぐりとドリルの場合
送り速度(F)=1 回転当りの送り(mm/rev)×工具の回転数(min^{-1})となる.

付録

1 正面フライス(超硬スローアウェイ)

(1) 荒削り

切込み 3 ～ 5mm
切削幅 2/3 × *D*

被削材				鋳　鉄		アルミニウム		鋼	
直径	刃　数			主軸回転速度 min^{-1}	送り速度 mm/min	主軸回転速度 min^{-1}	送り速度 mm/min	主軸回転速度 min^{-1}	送り速度 mm/min
	鋳鉄	アルミ	鋼	切削速度 mm/min	1刃当たり送り mm/tooth	切削速度 mm/min	1刃当たり送り mm/tooth	切削速度 mm/min	1刃当たり送り mm/tooth
80	6	3	6	485	496	1200	680	485	445
				122	0.17	302	0.18	122	0.15
100	6	4	6	400	420	1000	760	400	380
				125	0.18	314	0.19	125	0.16
125	8	5	8	325	470	815	810	325	265
				128	0.18	320	0.20	128	0.16
160	10	6	10	260	480	650	795	260	260
				130	0.18	326	0.20	130	0.17

(2) 仕上削り

仕上げしろ 0.2mm

被削材				鋳鉄		アルミニウム		鋼	
直径	刃数			主軸回転速度 min^{-1}	送り速度 mm/min	主軸回転速度 min^{-1}	送り速度 mm/min	主軸回転速度 min^{-1}	送り速度 mm/min
	鋳鉄	アルミ	鋼	切削速度 mm/min	1刃当たり送り mm/tooth	切削速度 mm/min	1刃当たり送り mm/tooth	切削速度 mm/min	1刃当たり送り mm/tooth
80	6	3	6	580	360	2200	735	580	320
				146	0.10	552	0.11	146	0.09
100	6	4	6	480	300	1800	830	480	270
				150	0.11	565	0.12	150	0.09
125	8	5	8	390	340	1465	875	390	305
				154	0.11	576	0.12	154	0.10
160	10	6	10	310	345	1170	860	310	310
				156	0.11	587	0.12	157	0.10

2 中ぐり（超硬）

(1) 荒削り

被削材	鋳　鉄		アルミニウム		鋼	
加工径	主軸回転速度 min^{-1}	送り速度 mm/min	主軸回転速度 min^{-1}	送り速度 mm/min	主軸回転速度 min^{-1}	送り速度 mm/min
	切削速度 mm/min	1回転当たり送り mm/rev	切削速度 mm/min	1回転当たり送り mm/rev	切削速度 mm/min	1回転当たり送り mm/rev
15	1400	140	2200	230	1250	115
	66	0.10	103	0.11	59	0.09
20	1130	130	1800	210	1020	105
	71	0.11	113	0.11	64	0.10
30	870	110	1400	180	780	90
	82	0.13	132	0.13	73	0.11
40	715	95	1150	150	650	77
	90	0.13	144	0.13	82	0.12
50	610	85	980	135	550	68
	96	0.14	154	0.14	86	0.12

(2) 仕上削り

被削材	鋳　鉄		アルミニウム		鋼	
加工径	主軸回転速度 min^{-1}	送り速度 mm/min	主軸回転速度 min^{-1}	送り速度 mm/min	主軸回転速度 min^{-1}	送り速度 mm/min
	切削速度 mm/min	1回転当たり送り mm/rev	切削速度 mm/min	1回転当たり送り mm/rev	切削速度 mm/min	1回転当たり送り mm/rev
15	1700	110	2900	180	1500	90
	80	0.06	137	0.06	71	0.06
20	1400	100	2400	165	1300	80
	88	0.07	151	0.07	81	0.06
30	1100	85	1850	140	980	70
	104	0.08	172	0.08	92	0.07
40	900	70	1500	120	800	58
	113	0.08	189	0.08	101	0.07
50	770	63	1300	105	690	50
	121	0.08	204	0.08	108	0.07

3 エンドミル（ハイス）

(1) 荒削り

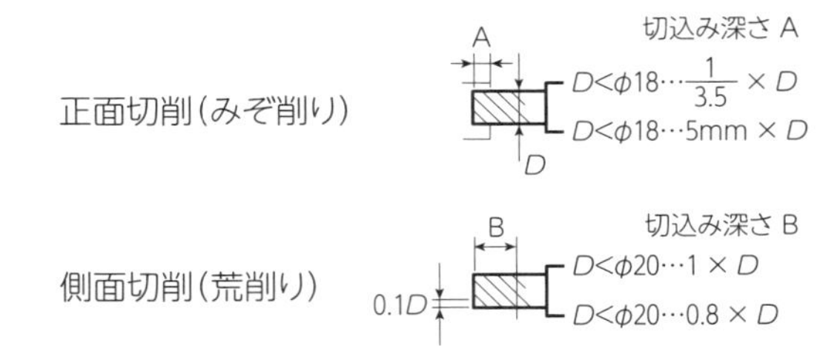

被削材		鋳　鉄		アルミニウム		鋼	
直径	刃数	主軸回転速度 min^{-1}	送り速度 mm/min	主軸回転速度 min^{-1}	送り速度 mm/min	主軸回転速度 min^{-1}	送り速度 mm/min
		切削速度 mm/min	1刃当たり送り mm/tooth	切削速度 mm/min	1刃当たり送り mm/tooth	切削速度 mm/min	1刃当たり送り mm/tooth
8	2	1100	115	5000	500	1000	100
		28	0.05	126	0.05	25	0.05
10	2	900	110	4100	490	820	82
		28	0.06	129	0.06	26	0.05
12	2	770	105	3450	470	690	84
		29	0.07	130	0.07	26	0.06
16	2	600	94	2650	420	5320	76
		30	0.08	133	0.08	27	0.07
20	4	480	170	2150	770	430	140
		30	0.09	135	0.09	27	0.08

(2) 仕上削り

仕上しろ A…0.1〜0.3mm
切込み幅 B…1.5 × *D*

被削材		鋳 鉄		アルミニウム		鋼	
直径	刃数	主軸回転速度 min^{-1}	送り速度 mm/min	主軸回転速度 min^{-1}	送り速度 mm/min	主軸回転速度 min^{-1}	送り速度 mm/min
		切削速度 mm/min	1刃当たり送り mm/tooth	切削速度 mm/min	1刃当たり送り mm/tooth	切削速度 mm/min	1刃当たり送り mm/tooth
8	2	1300	96	9300	700	1200	80
		33	0.04	234	0.04	30	0.03
10	2	1080	92	7700	650	980	75
		34	0.04	241	0.04	31	0.04
12	2	920	87	6500	600	830	70
		35	0.05	246	0.05	31	0.04
16	2	700	79	5000	560	635	64
		35	0.06	251	0.06	32	0.05
20	4	570	114	4100	1020	520	117
		36	0.06	257	0.06	32	0.06

4 ドリル（ハイス）

被削材	鋳　鉄		アルミニウム		鋼	
加工径	主軸回転速度 min^{-1}	送り速度 mm/min	主軸回転速度 min^{-1}	送り速度 mm/min	主軸回転速度 min^{-1}	送り速度 mm/min
	切削速度 mm/min	1回転当たり送り mm/rev	切削速度 mm/min	1回転当たり送り mm/rev	切削速度 mm/min	1回転当たり送り mm/rev
5	1450	230	2600	420	1300	180
	23	0.16	41	0.16	21	0.14
6	1300	220	2300	390	1150	170
	24	0.17	44	0.17	22	0.15
8	1050	200	1900	360	950	160
	27	0.19	48	0.19	24	0.17
10	890	180	1600	320	800	145
	28	0.20	50	0.20	25	0.18
12	770	160	1400	290	690	130
	29	0.21	52	0.21	26	0.19

5 タップ（ハイス）－メートルねじ

被削材	鋳　鉄		アルミニウム		鋼	
加工径	主軸回転速度 min^{-1}	送り速度 mm/min	主軸回転速度 min^{-1}	送り速度 mm/min	主軸回転速度 min^{-1}	送り速度 mm/min
	切削速度 mm/min	1回転当たり送り mm/rev	切削速度 mm/min	1回転当たり送り mm/rev	切削速度 mm/min	1回転当たり送り mm/rev
M5-0.8	430	344	495	396	385	308
	6.7	0.8	7.7	0.8	6.1	0.8
M6-1	375	375	430	430	340	340
	7.1	1	8.1	1	6.4	1
M8-1.25	300	375	344	430	272	340
	7.5	1.25	8.6	1.25	6.8	1.25
M10-1.5	250	375	290	435	226	339
	7.9	1.5	9.0	1.5	7.1	1.5
M12-1.75	212	371	244	427	192	336
	8.0	1.75	9.2	1.75	7.2	1.75

索　引

語彙（五十音順）

た

な

は

ま

や

索引

ABC

写真・表・図(五十音順)

索引

さ

た

な

は

ま

や

ら

わ

コラム

そのほか

写真・表・図(章別)

第1章

第2章

第3章

第4章

索引

第5章

第6章

コラム

そのほか

あとがき

NCフライス盤，マシニングセンタはハイテクマシンであり，操作盤にはスイッチ，キー，ダイアルが並んでいます．NC画面も位置表示画面，プログラム画面，オフセット画面などたくさんあり，さらにソフトキーで切り替わります．はじめての場合はどこから手をつけてよいか戸惑います．年配のかたが操作盤の前でじっと画面を見ていたようすを思い出します．

実習場で機械を前にして，これらの画面操作を10分で説明することでも，文字にすると長いものになりました．個々の作業まで詳しく文章にしたので読み進むのに苦労するかもしれません．NCフライス盤，マシニングセンタは高価な機械であり，ぶっつけて壊しては大変だとの危惧があります．機械を操作するには勇気がいります．

加工実習は，ゆっくり確実に，Slow and steadyをモットーに機械操作，加工操作を行なうように言っていました．はじめは時間がかかりますが，繰返すことで上達し，解ってくるとどんどん早くなります．大事なことは，やるべき作業を決して手抜きしないことです．実習後の学生に「今度は自分ひとりでできるか」と質問すると，自信がないとの感想が多々ありました．そういうときの参考書でもあります．

『ものつくり大学』の東江真一先生には長く加工実習の授業に携わらせていただきました．また本書を出すきっかけにもなりました．牧野フライス製作所の鈴木利治氏は本書のすべての記述をチェックして下さり，多くのアドバイスをいただきました．最後に大河出版の相良均治氏には月刊誌への連載と本書の出版の両方にご指導をいただきました．皆様方に篤くお礼申し上げます．

岩月 孝三

[著者略歴]

岩月 孝三

（いわつき こうぞう）

神奈川県横浜市在住

学生時代，研究室の指導教官が「工作機械は基礎産業だから」といった言葉が印象に残り，工作機械の業界にはいりました．長く勤務した『牧野フライス製作所』では設計からスタートして機械をつくる生産技術，その後営業技術で国内外の技術指導の仕事に携わりました．定年前後から新入社員の教育研修，『職業能力開発総合大学校』，『東海大学』，『ものつくり大学』で非常勤講師として講義・加工実習の技術教育，に携わりました．現在，昭和36年卒業から名付けた『青葉山麓会』という同期会の集いに参加して楽しんでいます．

<経　歴>

東北大学工学部 精密工学科卒

豊田工機株式会社に入社．その後，株式会社牧野フライス製作所に移り，生産技術・営業技術・R&Dの業務に従事．職業能力開発総合大学校，東京農工大学，東海大学，ものつくり大学の非常勤講師となり講義・実習を担当．

<著書・論文>

「フライス盤のABCからXYZ」ジャパンマシニスト 第192～209号に連載

「金型加工技術」(上)(下)共同執筆　日本技能教育開発センター

「金型加工機」日本鋳物協会誌『鋳物』Vol62 No12金型の設計製作特集号に掲載

<引用文献・参考文献>

「フライス盤のABCからXYZ」ジャパンマシニスト

「NCプログラミング」 株式会社牧野フライス製作所

「カスタムマクロ プログラミング説明書」 同上

「プロフェッショナル3 操作説明書」(適用機種V55)　同上

「FANUC ROBODLILL α-T14iCS取扱説明書」 FANUC LTD.

「FANUC Series16/18取扱説明書」　同上

※ 株式会社牧野フライス製作所の御協力に感謝します．

「NCフライス加工入門」（定価はカバーに表示してあります）

2019年3月16日　初版第1刷発行

著　者　岩月　孝三

発行者　金井　實

発行所　株式会社 大河出版

〒101-0046 東京都千代田区神田多町2-9-6田中ビル6階

TEL 03-3253-6282（営業部）

03-3253-6283（編集部）

03-3253-6687（販売企画部）

FAX 03-3253-6448

Eメール：info@taigashuppan.co.jp

郵便振替　00120-8-155239番

表紙カバー製作
本文組版　株式会社カヴァーチ

印刷・製本　三美印刷株式会社

ISBN 978-4-88661-453-7

◆でか判技能ブックス　B5判150頁　全21冊◆

① **マシニングセンタ活用マニュアル**　MC入門，プログラミング加工例，ツールホルダ，ツーリング，段取りと取付具を解説．

② **エンドミルのすべて**　どんな工具か(種類と用途)，なぜ削れるか(切削機構と加工精度など)，周辺技術も説明．

③ **測定器の使い方と測定計算**　現場測定の入門書として，測定の基本，精密測定器，測定誤差の原因と測定器の選び方と使い方．

④ **NC旋盤活用マニュアル**　多様なNC旋盤を活用するための入門書で，NC旋盤入門，ツールと段取り，プログラミング，ツーリングテクニックを解説．

⑤ **治具・取付具の作りかた使い方**　旋盤，フライス盤，MC，研削盤用の取付具を集めた．取付具と設計のポイント，効果的な使用法など．

⑥ **機械図面の描きかた読み方**　機械図面をJISに基づき，設計側，加工側，測定側に立って，形状，寸法，精度などを解説．

⑦ **研削盤活用マニュアル**　研削の基本から，砥石とはどんなものか，砥粒の種類，砥石の修正，セラミックスなど難削材の加工，トラブルと解決法を解説．

⑧ **NC工作機械活用マニュアル**　NC加工機を，いかに活用するかを解説．NC工作機械の歴史，構成と機能，プログラミング，自動化システム，ツーリングなど．

⑨ **切削加工のデータブック**　切削データ180例，加工法別のトラブル対策，材料ごとの工具材種による切削条件，切削油剤の使い方，加工事例を集めた加工データバンク．索引付き．

⑩ **穴加工用具のすべて**　ドリルの種類と切削性能，ドリルの選び方使い方，リーマの活用，ボーリング工具を解説．

⑪ **工具材種の選び方使い方**　ハイス(高速度鋼)からダイヤモンド被覆まで，材種の種類と被削材との相性，加工にのポイントなど．

⑫ **旋削工具のすべて**　旋盤で使う工具の種類と工具材料，旋削の基本となる切削機構，工具材料と切削性能，バイト活用などを解説．

⑬ **機械加工のワンポイントレッスン**　切削加工で，疑問が生じたり，予期せぬトラブルに遭遇する．疑問やトラブルの解決，発生を防ぐ．

⑭ **よくわかる材料と熱処理Q&A**　Q&A形式の読切り方式で，材料と熱処理に関する疑問や問題点を説明．

⑮ **マシニングセンタのプログラム入門**　プログラム作成の基本例題を挙げ，ワーク座標系の考え方，工具径補正，工具長補正，穴あけ固定サイクルなどをプログラムを詳細説明．

⑯ **金型製作の基本とノウハウ**　基礎知識を理解し，加工に必要な工作機械とツーリングも紹介し，製作・加工技術のヒント．

⑰ **CAD/CAM/CAE活用ブック**　機械設計のツールであるCAD，切削加工を支援するCAM，適切な加工条件を設定し，またシミュレーションによるCAEで設定を行なうツールの使いかたを解説．

⑱ **難削材＆難形状加工のテクニック**　高硬度材，セラミックスなど削りにくい難削材や高度な技術や技能，ノウハウが必要な難形状加工ワークの技術情報を網羅．

⑲ **MCカスタムマクロ入門**　F社製NCシリーズM15を例にして，カスタムマクロ本体の作成法を記述．

⑳ **機械要素部品の機能と使いかた**　複雑なメカニズムが組込みシステムに置き換えられているが，機械的な動作を伴う部分は，動作ユニットとして機械要素が重要である．

21 **MCのマクロプログラム例題集**　F社製NC装置シリーズ15Mを例に，カスタムマクロの例題として20問を選び，網羅した．

—★————————————————★—